大飞机出版工程·商用飞机系统工程系列

航空航天系统工程：实践方法

System Engineering for Aerospace：
A Practical Approach

盛世藩　赵　萌　著

上海交通大学出版社

内容提要

本书基于作者 30 多年商用飞机的研发经验撰写而成，主要描述了商用飞机系统工程的实践方法，重点阐述如何测量和管理商用飞机计划，目的是帮助读者确定从计划到测试的所有基本输入、过程和输出要求，学习如何通过从计划到生产执行来简化设计过程，学习如何通过确定成本驱动因素对人员、产品和流程的所有影响，使用综合总体计划/时间表获取生命周期战略。

图书在版编目（CIP）数据

航空航天系统工程：实践方法/盛世藩等著. —上
海：上海交通大学出版社，2025.1
（大飞机出版工程）
ISBN 978-7-313-26705-4

Ⅰ. ①航… Ⅱ. ①盛… Ⅲ. ①航空工程—系统工程②
航天系统工程 Ⅳ. ①V37②V57

中国版本图书馆 CIP 数据核字〔2022〕第 053287 号

航空航天系统工程：实践方法
HANGKONG HANGTIAN XITONG GONGCHENG：SHIJIAN FANGFA

著　者：盛世藩　赵　萌

出版发行：上海交通大学出版社　　　　　地　　址：上海市番禺路 951 号
邮政编码：200030　　　　　　　　　　　电　　话：021-64071208
印　　制：上海万卷印刷股份有限公司　　经　　销：全国新华书店
开　　本：710mm×1000mm　1/16　　　印　　张：14
字　　数：218 千字
版　　次：2025 年 1 月第 1 版　　　　　印　　次：2025 年 1 月第 1 次印刷
书　　号：ISBN 978-7-313-26705-4
定　　价：88.00 元

商用飞机系统工程系列
编委会

主　编
贺东风

副主编
赵越让　林忠钦　郭博智　谢友柏　汪应洛

编　委
（按姓氏笔画排序）

马恒儒　阿扎德·M.马德尼（美）　王荇卫　王　皓

冯培恩　吕　军　杨　军　吴树范　吴　跃　张新苗

陈迎春　陈　劲　陈　勇　斯科特·杰克逊（美）

欧旭坡　金　雁（美）　胡士强　秦福光　袁文峰

钱仲焱　徐　明　戚学锋　章引平　彭俊毅　韩克岑

曾海军　谢灿军　约翰·蒙克斯（英）

系列序

    大型商用飞机项目是一项极其复杂的系统工程，是一个国家工业、科技水平和综合实力的集中体现。在当今全球经济环境下，飞机全生命周期活动是分布式的，从单个设计区域分配到各个供应商网络，到完成后返回进行最终产品集成。许多政治、经济和技术因素都影响其中的协作过程。在全球协作网络中，过程、方法和工具的紧密、高效整合是现代商用飞机型号项目成功的关键因素。商用飞机的研制需要将主制造商作为一个复杂系统，从企业层级统筹考虑产品系统的设计研发和生产制造，并将供应链管理也纳入系统工程的过程中，用系统工程的视角，组织、整合和利用现有资源，以更加快速、高效地开展企业的生产活动；同时需要在更大的范围内整合资源，将型号研制纳入全球民用航空运输系统的范畴中，以期生产出更优质的、更具竞争力的产品。通过开展基于系统工程的项目管理，对研制过程各要素进行整合，以满足客户及适航要求，利用有限的时间、经费等资源，打造一款飞行员愿意飞、乘客愿意坐、航空公司愿意买的飞机，是我国民用航空产业面临的主要挑战，同时也是实现项目商业成功和技术成功的必由之路。

    经过几十年的发展，欧美工业界形成了《ISO/IEC 15288：2015　系统和软件工程——系统生命周期过程》等一系列系统工程工业标准；美国国家航空航天局、美国国防部、美国联邦航空局、美国海军和空军等都制定了本行业的系统工程手册；民用航空运输领域制定了 SAE ARP4754A《商用飞机与系统研制指南》等相关指南。同时，航空工业界也一直在开展系统工程实践，尤其是以波音 777 项目为代表，首次明确地按照系统工程方法组织人员、定义流程和建立文档规范，并通过组织设计制造团队，实现数字化的产品定义和预装配，从而较大地改进研制过程，提高客户满意度，降低研发成本。其后的波音 787 项目、空客 A350 项目更是进一步大量使用最新的系统工程方法、工具，为项目成功带来实实在在的好处。

    目前，我国在系统工程标准方面，也制定了一些工业标准，但总的来说，还是缺乏一些针对特定领域（如商用飞机领域）的指南和手册，相较国外先进工业实践还存在一定的差距。通过新型涡扇支线飞机和大型干线客机两大型号的积累，我国商用飞机产业在需求管理、安全性分析、变更管理、系统集成与验证以及合格审定等方面取得了长足进步，在风险管理、构型管理、供应链管理、项目组织建设等方面也进行了全面的探索，初步形成了以满足客户需求为目的，围绕产品全生命周期，通过产品集成与过程集成实现全局最优的技术和管理体系，并探索出适用商用飞机领域的系统工程是"以满足客户需求为目的，围绕产品全生命周期，通过产品集成与过程集成实现全局最优的一种跨专业、跨部门、跨企业的技术和管理方法"。

进入美国的再工业化、德国工业 4.0、中国制造 2025 的时代，各制造强国和制造大国在新一轮工业革命浪潮下，都选择以赛博物理系统为基础，重点推进智能制造，进而实现工业的转型升级。其中一个重要的主题是要解决整个生命周期内工程学的一致性。要让现实世界和虚拟世界在各个层次融合，要在机械制造、电气工程、计算机科学领域就模型达成共识。因此，系统工程方法在这个新的时代变得尤为重要，是使产品、生产流程和生产系统实现融合的基础。对于我国航空工业而言，面对标准的挑战、数据安全的挑战、战略及商业模式的挑战、企业组织的挑战、过程管理的挑战、工具方法（SysML 管理工具）的挑战、工业复杂性的挑战、系统工程人才培养与教育的挑战，积极推进系统工程，才能为在新一轮的工业革命中实现跨越式发展打好基础。

编著这套丛书，一是介绍国内外商用飞机领域先进的系统工程与项目管理理念、理论和方法，为我国航空领域人员提供一套系统、全面的教材，满足各类人才对系统工程和项目管理知识的迫切需求；二是将商用飞机领域内已有型号的系统工程与项目管理实践的重要成果和宝贵经验以及专家、学者的知识总结继承下来，形成一套科学化、系统化的理论知识体系；三是提供一套通用的技术概念，理清并定义商用飞机领域的所有接口，促进一系列技术标准的制定，推动系统工程和项目管理技术体系的形成，促进整个商用飞机产业工业化和信息化的深度融合。

"商用飞机系统工程"系列编委会由美国南加州大学、清华大学、浙江大学、上海交通大学、中国商用飞机有限责任公司等国内外高校和企业的航空界系统工程与项目管理领域的专家和学者组建而成，凝结了国内外航空界专业人士的智慧和成果。本系列丛书获得了 2022 年度国家出版基金的资助，说明了国家对大飞机事业的高度重视和认可。希望本系列丛书的出版能够达到预期的目标。在此，要感谢参与本丛书编撰工作的所有编著者以及所有直接或间接参与本丛书审校工作的专家、学者的辛勤工作；也向上海交通大学出版社大飞机出版中心的各位编辑表示感谢，他们为本系列丛书的出版做了大量工作。最后，希望本丛书能为商用飞机产业中各有关单位系统工程能力的提升做出应有的贡献。

（贺东风　中国商用飞机有限责任公司董事长）

前　言

　　本书的主要目的是介绍系统工程以及系统工程如何与现实世界相关。根据最近的航空航天研究表明，在未来 20 年内我们需要每年生产 2 000 架大型飞机。我们生活在一个复杂的现实世界里，这个世界有许多不成文的规定。新型系统能连接一切事物。本书是为了帮助读者按照这个过程来使用系统工程战略思维，目的是用直接且清晰明了的方法来解决行业里发生的问题。

　　我用多个领域 30 多年的经验为读者提供帮助，并将为解决我们所面临的挑战提供独特的视角。我是一个非常积极主动的自学者，期待与您分享我过去的挑战。我希望您在阅读我的书的时候能够像我刚开始写这本书时一样兴奋。

　　我感兴趣的是将复杂系统集成在一起的系统工程，这是一个跨越多学科的工程。作为一名曾在波音公司工作多年的系统工程师，我每天都在一系列学科集成的系统中工作，这些系统被汇集在一起，构建了极其复杂的防御系统。本书将提供系统工程师应具备的技能，并能够解决每天都会面临的挑战性问题。

　　本书将帮助读者提高对系统开发生命周期的理解，并有助于大幅度降低成本和构建更好的产品。通过阅读这本书，人们将能够获取如下技能：

　　（1）描述如何在生命周期中对飞机项目进行测量和管理。

　　（2）确定从计划到测试的所有基本输入、过程和输出要求。

　　（3）学习如何通过从计划到执行的生产来简化设计过程。

　　（4）使用综合总体计划/时间表获取生命周期策略。

　　（5）确定成本动因对人员、产品和流程的所有影响。

　　这本书献给我的父亲盛志澄和母亲沈涓，感谢他们的爱和鼓励，以及我的妻子朱芊，感谢她在这整个过程中的理解和支持。

　　感谢中国商用飞机有限责任公司贺东风董事长、郑闻总监和钱仲焱部长，感谢上海飞机设计研究院沈波院长、张克志副所长、裘旭冬、房峰、邬斌和王子麟，感谢中国航天十二院薛惠锋院士，感谢波音公司 John Malpass 博士。他们有多年的飞机管理、研发和系统工程技术经验，为本书提出了很多宝贵意见和建设性建议。

感谢上海交通大学出版社科技分社钱方针社长和各位编辑的辛勤工作。

目　录

1 系统工程导论：实践方法

1.1 系统工程的定义

系统工程（SE）是实现产品生命周期多学科的方法。系统工程允许我们从整体上了解每个产品，从而在规划、设计/开发、制造和维护过程中改进产品。组织使用系统工程来模拟/分析系统组件之间的交互、需求、子系统、约束和交互，并优化和权衡整个产品生命周期的重要决策（见图 1-1）。在整个产品生命周期中，系统工程师使用各种建模技术和工具来捕获、组织、优先化、交付和管理系统信息。系统工程尝试在前端捕获客户需求并确定其优先级，然后使用功能建模、面向对象的方法、状态图等进行替代评估，直至完成产品的功能和物理分工（见图 1-2）。

系统工程可以看作是一大批工程技术共同努力的结果，直接将客观世界与系统思维相结合。系统由几个相互关联、相互作用的关键组件组成。人们对系统的理解，即对系统的思考，来自社会实践。系统工程实践是长期对各个系统的考量和综合应用。系统思维方法由来已久，但系统工程的实际应用，考虑所有子系统作为一个完整的整体，只是在最近才开始发挥作用。随着产品快速、复杂的发展和生产规模的不断扩大，迫切需要开发一种能够有效组织和管理复杂系统的规划、分析、设计、制造、测试和使用的技术，即系统工程。

系统工程是研究系统的新兴科学，是设计和构建复杂产品的工程技术。构建一个新的复杂产品需要使用定量分析（包括建模、仿真和优化方法）或组合方法的定量/定性分析，以及产品的系统分析和系统设计。系统工程的研究范围已经从传统的工程领域扩展到社会、技术和经济领域，包括科学、企业、

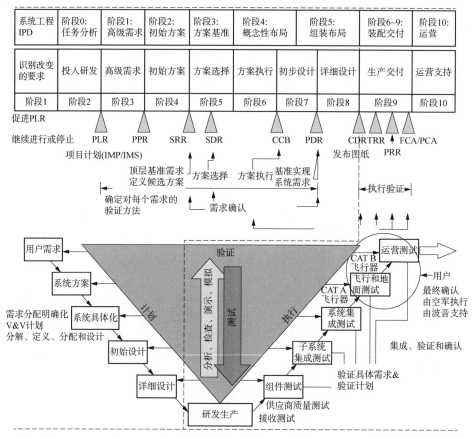

IPD—集成产品开发；PLR—计划层面审查；PPR—项目规划审查；SRR—系统需求审查；SDR—系统设计审查；CCB—变更控制委员会；PDR—初步设计审查；CDR—关键设计审查；TRR—测试准备审查；PRR—生产准备审查；FCA—功能构型审核；PCA—物理构型审核；IMP—主集成规划；IMS—主集成计划；CAT—类别；V&V—验证和确认。

图 1-1　系统工程关键示例

（参考 TA-PD 224M & TA-PD 470M）

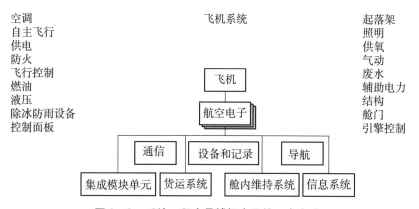

图 1-2　系统工程也是捕捉产品的一个方法

军事、经济、社会、农业、行政和法律制度工程。此外，我们日常生活的每一个方面都可以看作是一个系统，系统工程方法可以用来更好地集成这些方面，提高社会生产力和提高我们的生活质量。

系统工程是使用一种多学科的方法来规划、组织、协调和控制生产、建设、运输、存储、通信、商业、科学研究和其他人类活动。一般来说，系统工程从一个系统的整体概念出发，研究各个子系统/组件，分析各个功能之间的关系，运用数学方法寻找最佳解来构建整个系统，从而达到最佳的最终结果。

系统工程方法在飞机发展规划、汽车工业、大型航运经营、自然资源利用、环境保护、经济体制改革和许多科学研究等领域都取得了显著成效，在全世界系统工程中起着重要的作用，得到了全球许多领导和公司的广泛认可和接受。

1.2 系统工程的流程

本节将介绍应用于集成产品团队（IPT）的系统工程流程，以及分配技术系统工作的具体责任，包括承包或分包的系统任务。这些任务还将包括适用于这些任务的技术流程和项目。这些工程阶段是作为 IPT 职责的一部分而制定的，需求日期和开发时间表将随着项目的进展而被规定和完善。图 1-3 是系

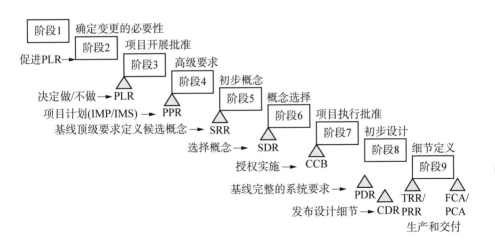

图 1-3 系统工程过程示例

统工程过程示例，是系统工程阶段，其中计划变更流程采用分阶段开发和设计审核的系统工程原理。

1.2.1 系统工程过程计划

本节介绍关键系统工程可交付成果的计划，包括 P3，即人员（people）、产品（product）和过程（process）。将正确的产品分配给合适的人员，并令其遵循正确的流程，这是成功计划的关键。图 1-4 显示了系统工程过程。

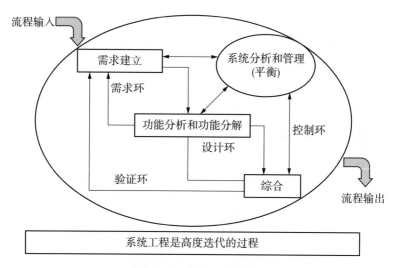

图 1-4 系统工程过程

系统工程计划流程需要执行以下操作：

（1）确定/收集利益相关者的需要。

（2）将需要转变为顶级产品需求。

（3）执行分析和分解。

（4）分配需求。

（5）导出需求。

（6）优化产品需求和设计约束。

1.2.2 系统需求分析

本节提供将用于分析产品系统需求的方法、项目和工具，其中包括将用于捕获和跟踪系统需求的具体工具。DOORS 是一种用于系统需求开发的流行工具。

整个计划生命周期中的需求管理至关重要，系统工程团队的主要任务如下：

（1）评估需求。

（2）提供客户需求的可追溯性。

（3）开发和维护文档。

（4）管理基线和变更。

（5）核实需求。

（6）验证需求。

需求是同意产品成功（或不成功）的基础，它们有助于在用户、开发人员和收购者之间达成共识，了解所需要的内容。好的需求必须是

（1）可实现的：必须反映在技术上可以以可承受的成本实现解决方案的需求或目标。

（2）可验证的：表达方式允许验证是客观的，最好是定量的。

（3）不含糊的：必须只有一个可能的含义。

（4）完成的：包含所有任务配置文件、操作和维护概念、使用环境和约束。

图 1-5 是系统需求分析，说明了如何降低系统工程要求。

1.2.3 功能分析/分配

本节介绍将用于分析产品系统需求并将其分配到产品系统组件功能需求的方法和工具。功能是所需的系统行为，产生性能需求，通常可以分解为子功能。功能分析/分配包括如下内容：

（1）它是需求开发过程的一部分。

（2）提供系统（或子系统）的详细信息（见图 1-6）。与"如何"形成对比-系统综合（概念与设计）涵盖。

（3）意味着改进需求定义，确定需求，包括失踪、不现实和/或冲突、写得不好等方面。

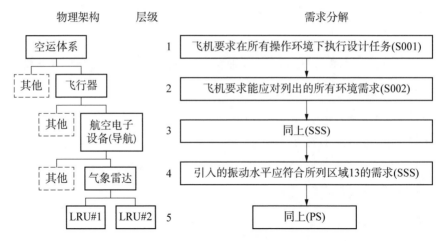

LRU—线路可更换单元；SSS—子系统规范；PS—产品规范。
注：以上需求用来解释需求的传递。

图 1-5 系统需求分析

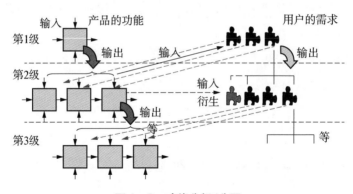

图 1-6 功能分析/分配

一个好的数据库为任何产品或验证元素提供需求可追溯性。因此，从项目开始选择一个好的数据库是非常重要的。

图 1-7 是飞机燃油系统顶层功能示例。从图中可以看到，通过将功能分解为子功能来管理系统复杂性，这为复杂需求集的系统综合提供基础。

图 1-8 是飞机燃油系统第二层级功能示列。

1.2.4 系统综合

本节重点介绍将用于分析功能需求的方法和工具，并将这些需求分配给物

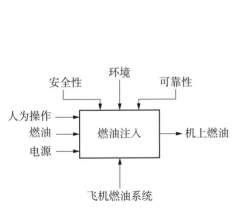

图 1-7 飞机燃油系统顶层功能示例

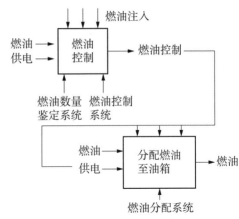

图 1-8 飞机燃油系统第二层级功能示例

理产品子系统和/或系统组件。综合系统工程师确保某些组件的所有各个部件包括模块、背板、线束、屏蔽、电源、引擎等组合一起工作以创建系统，即确保子系统适合、形式、功能匹配，部件在物理上和功能上组合在一起，形成（合成）整体，然后完成系统的目的。系统工程强调综合，因为理解一个复杂的问题可以将它分成更小的部分，每个部分都可以单独理解，然后将所有部分的理解结合起来形成对整个系统的解释。

1.2.5 系统分析

系统分析用于开发产品的许多领域。分析也可以是一起执行有机功能的一系列组件，如系统工程。系统分析是一种解决问题的技术，它将系统分解为组件，以便研究这些组件部件的工作和交互程度，来实现其目的。

1.2.6 系统控制

本节重点介绍所需的系统工程控制策略，建议如下。

1）沟通管理

（1）成功的系统集成只有在有效沟通时才能实现。

（2）团队成员必须分享在纪律和任务允许范围掌握的知识。

（3）沟通可以通过口头和写作以及组合来完成。

（4）通用数据库可能是最有效的信息通信方法。

2）供应商管理整合

（1）监控市场上的新产品。

（2）评估可能有助于满足产品要求的产品来源。

（3）使用该信息选择供应商。

（4）维持合作项目—供应商关系。

（5）监控选定的供应商流程。

（6）评估选定的工作产品。

（7）对供应商关系进行适当调整。

3）数据管理

（1）涉及计算机数据和计算机网络。

（2）一套有效的系统工程工具是未来平台。

（3）需要传达每个工具执行的系统工程任务（SET）。

（4）SET之间的数据需要通过公共数据库进行交换。

4）绩效管理和衡量

提供项目技术进步的可见性，以及设计变更如何影响绩效。

（1）提供早期识别潜在问题。

（2）促进对绩效差异的快速反应。

（3）确保在预定义的项目要求中维护关键参数的能力。

（4）允许项目经理系统地测量和评估技术性能（重点关注最高风险区域）。

5）专业工程

提供可靠性、可维护性、可用性、生存能力、人体工学、安全工程，以及材料和过程。

6）接口管理

（1）维护接口管理过程的主要负责组织是系统工程。

（2）系统工程的职责是确保组成系统的多种不同接口兼容。

（3）没有项目团队的专业知识，系统工程无法确定所有接口。

7）IMP/IMS

通过以下方式强制进行详细的前期规划：

（1）定义可衡量/可跟踪的计划活动。

（2）集成所有计划活动。

（3）链接成本、进度和性能测量。

（4）强制执行管理计划。

8）评论

评论包括正式技术评审、非正式技术评审和技术交流。

9）IPT

IPT 包括系统工程、适用的功能团队、专业工程、管理、质量、分包商和客户的代表。这是一个讨论接口问题的论坛。

10）系统要求变更控制

验证建立正确的系统，验证系统是按照正确的方式构建的。这是 IPT 不断努力，并通过适当的变更控制委员会进行验证和验证，以便在整个计划生命周期内管理计划变更。

1.3　小结

在整个产品生命周期中，系统工程师使用各种建模技术和工具来捕获、组织、优先化、交付和管理系统信息。系统工程可以被看作是大量工程技术的集体努力，这些工程技术通过系统思维直接转换客观世界。

系统思考方法已经存在了很长时间，但系统工程的实际应用只存在于过去的 10 年中。随着产品快速复杂的发展和生产规模的不断扩大，迫切需要开发一种能够有效组织和管理复杂系统的规划、分析、设计、制造、测试和使用的技术，即系统工程。

系统工程是研究系统的新兴科学，是设计和构建复杂产品的工程技术。系统工程研究的范围已从传统的工程领域扩展到科学系统工程、企业系统工程、军事系统工程、经济系统工程、社会系统工程、管理系统工程、法律系统工程和农业系统工程等社会、技术和经济领域。

系统工程是独特的学科，每个系统工程功能都作为一门普通的基础科学和技术。系统工程以系统为对象，从系统的整体概念出发，研究各个子系统/组件，分析各种因素之间的关系，运用数学方法找到构建系统的最佳解决方案，整个系统达到最佳的最终效果。

系统工程方法在飞机发展规划、汽车工业、大型航运经营、自然资源利用、环境保护、经济体制改革，以及世界众多科学研究等领域均取得了显著成效。

思考题

假设你是一名系统工程师，负责为一家汽车制造公司设计一款全新的电动汽车。这款电动汽车的目标市场是年轻消费者，他们不仅关注车辆的性能，还非常注重环保和社会责任。你的任务是从系统工程的角度出发，规划和设计这款电动汽车，确保它能够满足市场需求，同时也要考虑生产成本、环境影响、安全性和用户体验。

1）需求分析

（1）列出至少5个关键客户的需求点。

（2）分析这些需求点如何影响车辆的设计和制造过程。

2）系统架构设计

（1）描述该电动汽车的主要子系统（如动力系统、电池管理系统、车身结构、电子控制系统等）。

（2）说明各子系统之间的交互关系。

3）多学科协作

（1）列出至少3个不同的学科领域（如机械工程、电气工程、软件工程等），并解释它们在项目中的具体贡献。

（2）讨论如何通过跨学科团队合作来解决潜在的设计和制造问题。

4）风险管理

（1）列出项目可能面临的主要风险（如技术挑战、供应链中断、法规变化等）。

（2）提出相应的风险缓解措施。

5）可持续性与社会责任

分析该电动汽车在生产、使用和废弃阶段对环境的影响。

2　系统工程与系统集成

2.1　主集成规划/主集成进度计划

IMP 和 IMS 是美国国防部（DoD）和大型国际公司的重要项目管理工具。IMP/IMS 过程由美国空军于 1990 年初开发。高级战术战斗机（ATF）是第一个使用 IMP/IMS 过程的项目。IMP/IMS 为规划和安排大型复杂计划中的工作提供重要帮助。IMP 是事件驱动的计划，记录完成工作所需的主要成就，并将每项成就都附加到重要的计划里程碑。IMP 进一步扩展为基于时间的 IMS，以创建一个网络化和多级别的时间表，显示完成先前在 IMP 中定义的工作所需的详细任务。IMS 流程直接与 IMP 连接，并通过更多级别的细节进行增强。图 2-1 显示了具有重要里程碑的系统工程的关系和关键点。

IMP 是客户和承包商之间关于事件驱动项目定义的共识。IMP 在产品的开发、生产和修改过程中记录了关键的里程碑目标、成就和绩效评估标准。IMS 定义了顺序事件和重要决策点来评估项目进度和性能。IMP 通常是大型项目的合同文件。

IMP 的下面是 IMS，它由描述为每个主要里程碑目标完成所需的工作努力的任务组成。IMP/IMS 是项目执行的详细时间驱动计划，有助于确保按交付日期完成，并且在项目执行期间使用跟踪和状态工具。像 Microsoft Project 这样的工具可以识别数字格式的主要里程碑目标/事件进展，以及与箭头链接的相互关系和相关性。图 2-2 显示了 IMP 与 IMS 的关系。

IMP 通过开发并符合项目要求：目标说明书（SOO）、技术性能需求（TPR）、合同工作分解结构（CWBS）和合同工作说明书（CSOW）提供项目

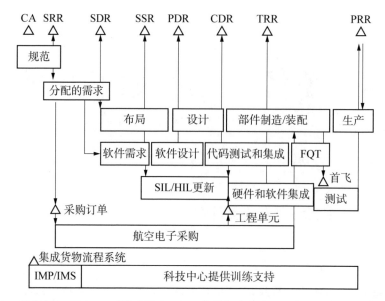

CA—客户确认；FQT—正式资质测试；SIL—软件集成实验室；HIL—硬件集成实验室。

图 2-1　系统工程关键关系

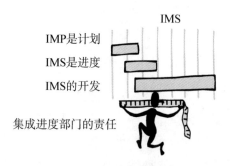

图 2-2　IMP 与 IMS 的关系

可追溯性。这些要求基于客户的工作分解结构（WBS），构成 IMP/IMS 及成本/预算报告的基础。

　　IMP 实施可追溯和可衡量的计划，以实现集成产品开发。整合项目功能活动，并纳入低级和供应商的 IMP。IMP 为绩效评估提供了一个结构，可以通过风险管理和可衡量的指标洞察整体工作。IMP/IMS 采用分解事件的方法，将事件分解为一系列具有可测量标准的逻辑任务，以显示成就和质量。图 2-3 显示了从客户需求到设计需求的可追溯性。

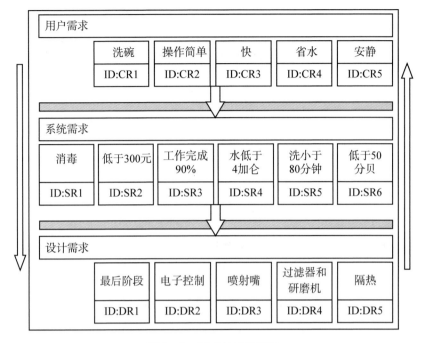

图 2-3 需求的可追溯性

工作分解结构定义计划、项目、任务、子任务和工作包的层次结构。WBS 为任务提供可追溯性如图 2-4 所示，图中显示了从项目级别到工作包级别的分层细分。WBS 允许通过将项目目标和活动与资源相关联，促进初始预算并简化后续成本报告，通过将产品元素逻辑分解为工作包来描述整个系统。WBS 是计划活动的基础，即预算编制、成本估算、状态报告和问题分析。

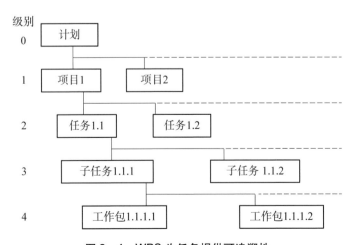

图 2-4 WBS 为任务提供可追溯性

实施 IMP/IMS 一共有 7 个步骤。第 1 步是评估项目需求（见图 2 - 5）。

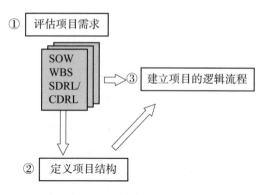

SOW—工作说明书；SDRL—供应商数据需求清单；CDRL—合同数据需求清单。

图 2 - 5　步骤 1：评估项目需求

SOW、WBS、SDRL 和 CDRL 是第 2 步的输入，以帮助定义项目结构（见图 2 - 6）。

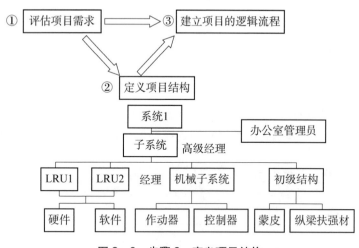

图 2 - 6　步骤 2：定义项目结构

在定义项目结构后，团队可以计划执行步骤 3：建立项目的逻辑流程（见图 2 - 7）。

在建立项目逻辑流程之后，可以由集成产品团队确定项目进程（见图 2 - 8）。

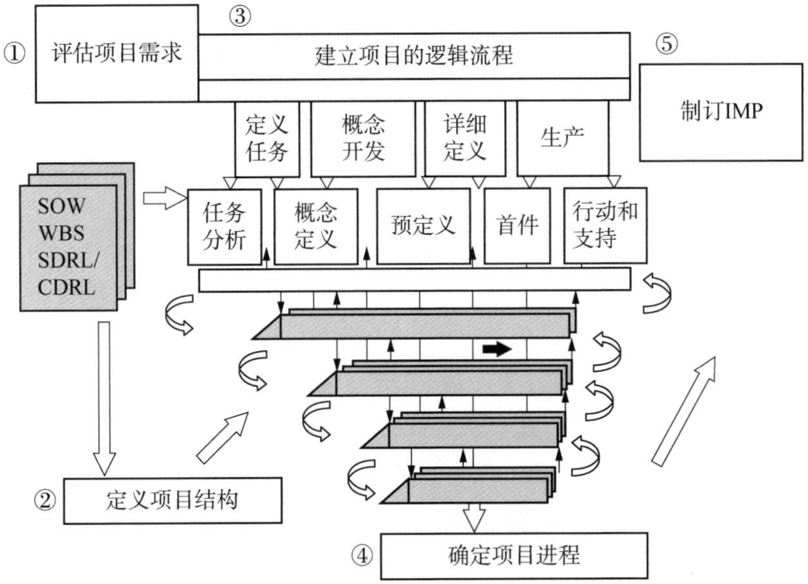

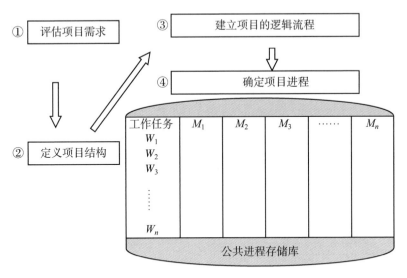

图2-7 步骤3：建立项目逻辑流程

图2-8 步骤4：确定项目进程

步骤3和步骤4成为步骤5的输入：制订IMP（见图2-9）。

在定义IMP之后，团队可以建立IMS（见图2-10）。

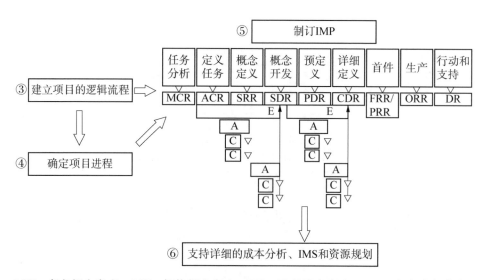

MCR—任务概念审查；ACR—架构概念审查；FRR—飞行准备审查；PRR—生产准备审查；
ORR—运营准备审查；DR—可交付成果审查。

图 2－9　步骤 5：制订 IMP

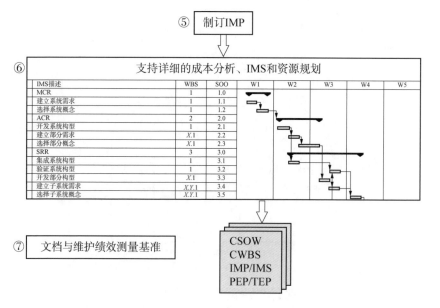

PEP—生产工程规划；TEP—测试工程规划。

图 2－10　步骤 6：支持详细的成本分析、IMS 和资源规划

在详细的成本之后，IMS 和资源规划被定义，团队然后可以记录和维护性能测量基准（见图 2-11）。

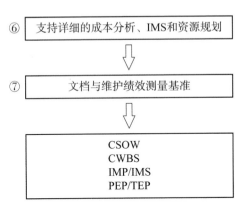

图 2-11　步骤 7：文档与维护绩效测量基准

图 2-12 显示了如何实现 IMP/IMS 所有 7 个步骤。

为了显示从计划到实施的可追溯性，必须创建单编号方案（见图 2-13）。

2.2　工作分解结构和产品分解结构

成功的项目管理依靠彻底的计划来充分详细地确定项目目标，以支持项目的有效管理。工作分解结构（WBS）为定义与项目目标相关的工作提供了基础。WBS 还建立了管理工作完成的结构。

WBS 在项目中用于执行以下操作：

（1）根据可交付成果确定项目的工作范围，并将这些可交付成果进一步分解为组件。根据所使用的分解方法，WBS 还可以定义项目的生命周期过程，以及与项目或任何更高级别实体相关的可交付成果。该项目范围分解平衡了管理层对控制的需求，并具有适当的详细程度。

（2）为项目管理团队提供一个基于项目状态和进度报告的框架。

（3）在项目的整个生命周期中促进项目经理和利益相关者之间的沟通。工作分解结构可用于传达有关项目范围、相关性和风险的信息，以及预算和时间表进度和绩效。

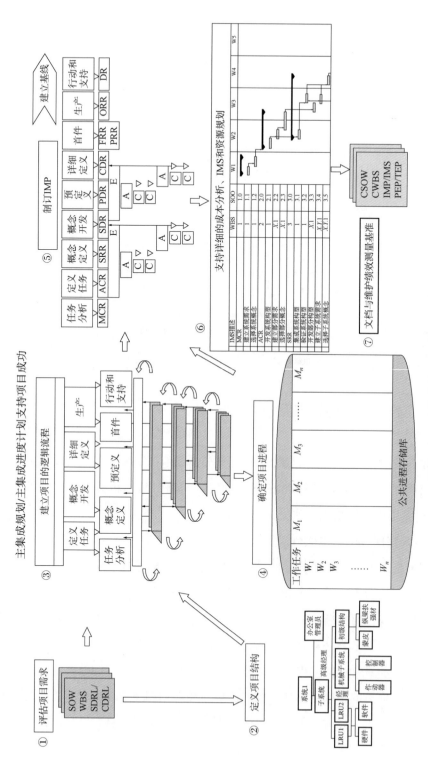

图 2-12　实施 IMP/IMS 的七步骤

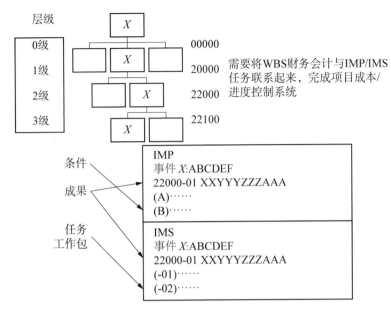

图 2‑13　IMP 和 IMS 的单编号方案

（4）为其他项目管理流程和可交付成果提供输入。

WBS 明确阐述了项目工作范围，对于其他项目管理过程和可交付成果（如活动定义、项目进度网络图、项目和计划进度表、绩效报告、控制工具或项目组织）来说，它是一个关键输入。尽管 WBS 是这些项目管理流程和可交付成果的主要输入，但 WBS 本身不能代替或代表其中任何一个。

就本工作分解结构实践标准而言，项目可以定义为以内部为中心，以外部为中心或两者兼而有之。此外，这些项目的可交付成果可以采取产品、服务或结果的形式。

以内部为中心的项目可以产生交付物作为其他项目步骤，其他个人或赞助该项目的公司内的其他组织的输入。外部重点项目通常为公司以外的人员或组织（如客户或项目赞助商）提供产出和交付成果。许多项目都会产生内部和外部重点交付成果。无论项目的重点如何，WBS 都应该在所有情况下做好准备。图 2‑14 显示了 SOW 和 WBS 的关系。

图 2‑15 显示了 WBS 和组织分解结构（OBS）的关系。

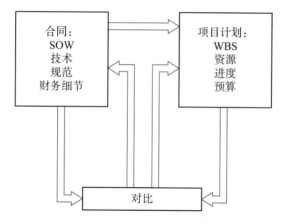

图 2 - 14　WBS 和 SOW 的关系

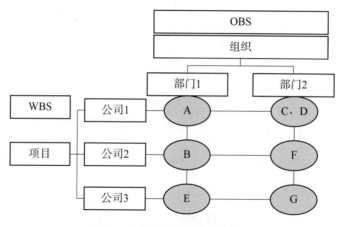

图 2 - 15　WBS 和 OBS 的关系

图 2 - 16 显示了 WBS、OBS 和责任分配矩阵（RAM）的关系。

产品组织（见图 2 - 17）根据产品和服务的制造或最终用途对产品进行分组。实现特定目标所需的全部或大部分资源都是由产品经理领导的独立单元。部门经理拥有相当的权力，可以从整个组织内部或外部获得资源。在项目或产品开发周期期间，项目中的所有人员都由经理直接负责。

通用电气公司（GE）是最著名的产品故障结构化公司之一。它分为五个汽车部门：雪佛兰、别克、庞蒂亚克、奥兹莫比尔和凯迪拉克。每个部门都是独立的，具有生产特定车辆所需的大部分功能。1984 年，GE 重组为两部门产

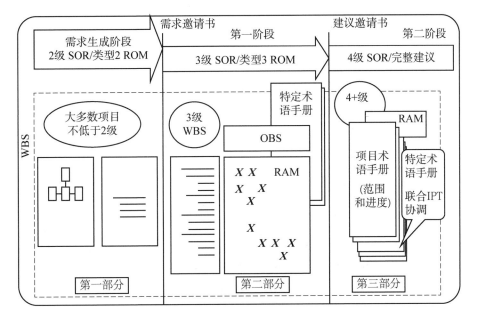

SOR—需求说明书；ROM—粗略数量。

图 2 - 16　WBS、OBS 和 RAM 的关系

品导向型公司，其中一部分为大型车辆（别克、奥兹莫比尔和凯迪拉克），另一部分为小型车辆（雪佛兰和庞蒂亚克）。

产品结构是一种面向目标的结构，包含完成产品所需的所有功能的元素。每当需要某些产品的专业知识时，按产品分部门是最理想的。

产品分解结构的优点如下：

（1）更好的单位内协调。

（2）更快的响应时间。

（3）更清楚地了解单位目标。

（4）由于交叉培训增加了团队知识。

产品分解结构的缺点如下：

（1）资源使用效率低下。

（2）协调各司之间的问题。

（3）目标的移位。

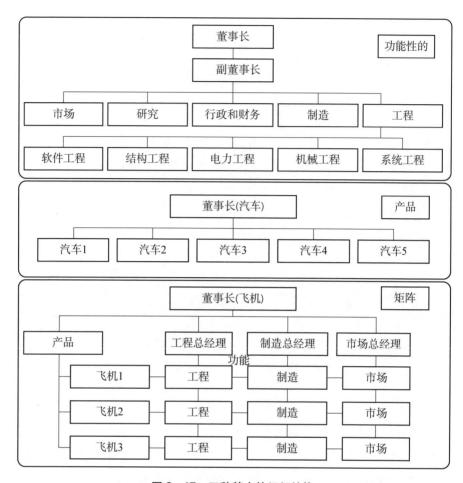

图 2-17　三种基本的组织结构

（4）队友之间互动较少。

2.3　集成管理（执行）

本节的目标是提供对项目集成和执行的基本理解。这里讨论了十个关键的集成元素（见图 2-18），包括集成管理本身，这在整个项目中都是必需的。集成管理（IM）将项目中的所有知识领域集成在一起，并将"计划结合在一起"，形成一个无缝的活动。

IM 包含如下几方面：

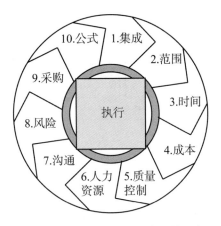

图 2 - 18　集成管理的十个关键要素

（1）识别。

（2）定义。

（3）组合。

（4）分类。

（5）协调。

在本项目中的各种过程和执行活动中，IM 扮演着"胶水"的角色，使项目保持一致。IM 同步项目管理功能活动并相应地从始至终进行协调。

为了实现有效的集成管理，良好的沟通是必需的。团队的使命，期望和任务必须有着良好的记录。管理层需要确保利益相关方之间始终保持开放的沟通渠道。

生成并使用清晰简洁的集成工具，其中包括如下几项：

（1）项目组织章程。

（2）项目范围工作说明书。

（3）项目管理计划。

（4）项目 WBS。

图 2 - 19 所示为整个项目集成管理，显示了为什么每个项目都需要从头到尾进行集成管理。

IM 在整个项目中都是必需的，如图 2 - 20 所示。

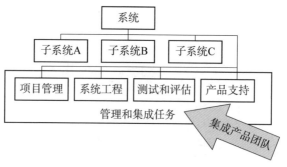

图 2-19　整个项目集成管理

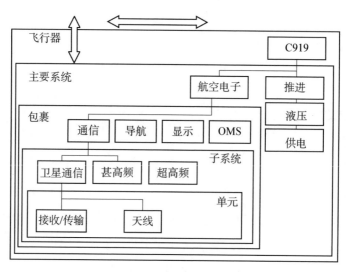

OMS—机载维修系统。

图 2-20　整个项目都需要竖直和集成水平整合管理

2.3.1　项目范围管理

项目范围管理被定义为确保项目包含所需工作的所有过程，而只有完成这些工作，才能成功地完成这个项目。项目范围管理计划记录了项目范围如何由项目管理团队定义、记录、验证、管理和控制。

项目范围管理需要通过如下方式定义成功的参数：

（1）定义和控制交付具有指定特征和功能的产品，服务或结果的项目中未包含哪些工作。

（2）如果范围有任何变更或修改，则所有利益相关方都同意并制订变更管理计划的项目范围文件。

（3）防止范围蔓延。

所有防范影响范围的方案如下：

（1）范围的模糊导致混乱和不必要的工作。

（2）范围不完整会导致计划延误，从而导致成本超支。

（3）短暂的范围导致所谓的"范围扩展"，这是延迟交付的主要原因，也是潜在的"永无止境"的项目。

（4）非协作范围，即所有相关方都不协作并没有达成一致，会导致需求和设计中的误解。

2.3.2　时间管理

时间管理是完成活动及时完成的过程。这些过程如下所列：

（1）活动定义。

（2）活动排序。

（3）活动资源估算。

（4）活动持续时间估算。

（5）进度计划发展。

（6）进度计划控制。

满足项目时间表并保持在预算范围内，减少发生变化时对整个流程的影响，消除不必要的成本，确定资源可用性和竞争优势，这些都是 IM 的重要作用。

为了有效地管理时间，我们需要执行如下操作：

（1）确定项目需求。

（2）确定基本资源。

（3）制订进度计划。

（4）参考过去的项目和经验教训。

（5）使用进度计划软件。

时间管理是在项目后期开发过程中通过管理资源、时间、金钱和项目范围来实现的。检查项目状态和性能，以及管理客户对商品和/或服务的更改也是时间管理的重要因素。

2.3.3　成本管理

成本管理需要控制项目进度。要有效管理成本，需要完成如下活动：

（1）计划活动和成本与实际情况。

（2）纳入范围和时间表约束和风险因素。

（3）计划和业务管理监视超支和极端的成本和时间表运行。

成本和进度控制是必需的，原因如下：

（1）利益相关方的认可和信心。

（2）固定价格合同，承包商承担所有额外费用。

（3）重要的是项目经理要与整个团队合作制订合理的计划。

（4）跟踪计划的成本和时间表必须一致才能实现准确的计划交付。

管理大型计划成本和时间表可能是一个很大的挑战。成本和时间表涉及的公式所包含参数，团队可能会考虑使用如下所列的：

（1）挣值管理系统（见图 2-21）。

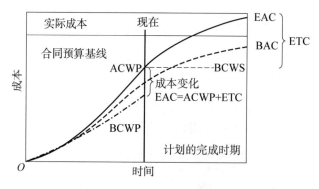

ACWP—已完成工作实际成本；BCWP—已完成工作预算成本；BCWS—计划完成工作预算成本；BAC—完成预算成本；ETC—完工尚需估算。

图 2-21　EVMS 示例

（2）EVMS 有各种公式来跟踪绩效。

（3）关键绩效指标（KPI）。

a. 成本绩效指数（CPI）。

b. 进度绩效指数（SPI）。

c. 进度偏差（SV）。

d. 成本偏差（CV）。

e. 完工估算（EAC）。

（4）完工偏差（VAC）。

重要的 CPI 和 SPI 如下：

（1）当 CPI/SPI<0.8 时，项目没有按成本或进度执行。

（2）当 0.8<CPI/SPI<1.0 时，项目按成本或进度执行。

（3）当 CPI/SPI>1.0 时，项目超出成本或进度。

重要的 CV 和 SV 如下：

（1）当 CV/SV>0 时，项目在计划预算下。

（2）当 CV/SV<0 时，项目超出计划预算。

EAC 显示最终的项目成本，VAC 显示项目不足和超支的成本。应经常进行项目成本和进度更新。每周的挣值数据会被分析，然后在定期的"标记"会议上解决这些问题。建议每月向客户进行挣值演示。其他报告，如里程碑报告或季度报告，则视情况安排。

2.3.4 质量管理

为了保持客户满意度，实现与"预防过度检查"相关的成本节约，支持管理责任并提供持续改进，都需要进行质量管理。

图 2-22 展示了质量管理的主要内容。

图 2-22 质量管理的主要内容

为了有效地管理质量，团队必须制订质量计划，执行质量保证并执行质量控制。质量计划的输入是企业环境因素，组织过程资产，项目范围说明和项目管理计划。这些工具和技术是成本效益分析，基准测试，实验设计，质量成本和其他质量规划工具。产出是质量管理计划，质量指标，质量检查表，过程改进计划，质量基准和项目管理（PM）计划（更新）。

2.3.5　人力资源管理

人力资源管理部门的职能是制订人力资源规划，组建收购计划团队和管理计划团队。需要人力资源管理通过培训，帮助和预测员工长期的必要技能来优化团队成员的实用性。人力资源管理提供公司的愿景、使命和目标。其他人力资源管理职能如下：

（1）确定计划团队的角色和责任。

（2）建立度量标准以评估团队成员的表现。

（3）树立职业道德榜样，设立值得别人效法的奖励。

（4）消除障碍并挑战团队以保持工作进度。

当开始新项目时，需要人力资源管理在项目之间有效平衡工作量，并且帮助各方沟通交流。

2.3.6　沟通管理

沟通管理（CM）包括沟通计划、信息分发、绩效报告和涉众管理，是项目范围、项目风险、项目成本和项目团队所必需的。CM 由项目团队通过会议和报告执行。新项目的开始、项目运行和项目结束都需要 CM。正式和非正式的 CM 流程如图 2-23 所示。

图 2-23　正式和非正式的 CM 流程

2.3.7 风险管理

风险管理的工作是识别导致资产损失的条件，并创建策略来消除或减轻这种情况。风险来自行为、政策和事件。风险是我们日常业务的固有要素或威胁，可通过主动监控将风险降至最低。尚未发生风险需要采取预防措施。已经发生的问题需要采取纠正措施。风险管理至关重要，因为它确定了关键的成功或失败因素。图 2-24 描述了一个风险管理流程。

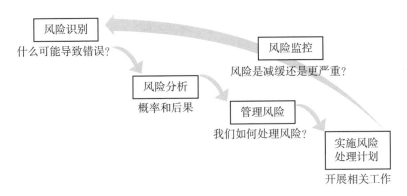

图 2-24 风险管理流程

风险管理必须在计划开始时和整个计划的生命周期内采取行动。在项目中发现的任何风险都需要作为风险管理流程的一部分进行管理。没有风险管理流程，范围目标可能会受到影响。图 2-25 显示了风险管理的级别。

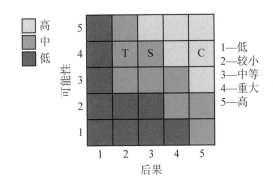

注：所有技术（T）、时间（S）、费用（C）的后果在相同的可能性上。

图 2-25 风险管理的级别

图 2-26 显示了多层风险管理示例。

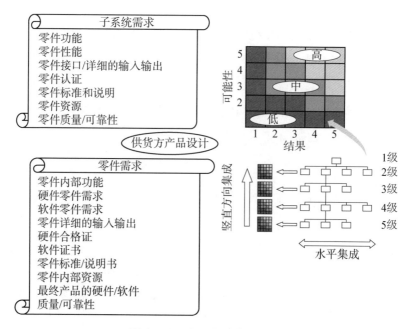

图 2-26　多层风险管理示例

在 6.3 节中进一步详细描述风险管理。

2.3.8　采购管理

采购管理是要从供应商或供应商那里获得产品和/或服务，管理计划中的合同义务，在整个计划生命周期中更改和控制合同，以及管理合作伙伴和供应商之间的合同。

我们需要采购管理的原因如下：

（1）了解买方采购产品和/或服务的能力。

（2）了解供应商在指定时间和预算内满足特定要求的能力。

（3）记录合同要求。

（4）确定潜在的供应商。

（5）从供应商那里获得报价和建议。

图 2-27 显示了采购管理模型，包括五个流程：启动、规划、执行、监控和关闭。

图 2 - 27 采购管理模型

2.3.9 公式

公式是通过系统工具来分析项目性能所必需的，它们包括测量工具、决策工具和评估工具。计划团队成员需要计划和预测，成本管理，时间管理和范围管理的公式。项目管理需要确定基本的首字母缩写值并将其插入公式中，将公式结果整合到决策中，并理解公式结果的属性。表 2 - 1 提供了整个项目生命周期所需的一些常用项目管理公式。

表 2 - 1 整个项目生命周期所需的一些常用项目管理公式

名字	缩写	同义词	公式
完成时的预算	BAC	预算	
实际成本	AC	ACWP	
所得价值	EV	BCWP	$EV = BAC \times$ 完成百分比率
计划价值	PV	BCWS	
未来价值	FV		$FV = 1/1 \ (1+int)^{n}$，int 是利息，n 是周期
方差	VAR		$VAR = BAC - AC$
安排差异	SV		$SV = EV - PV$
成本差异	CV		$CV = EV - AC$
会计差异	AV		$AV = PV - AC$
任务差异	TV		$TV = [(P-O)/6]^{2}$
进度表现指数	SPI		$SPI = EV/PV$
成本绩效指数	CPI		$CPI = EV/AC$
成本计划索引	CSI		$CSI = SPI \times CPI$
完成时估算	EAC	FCAC	$EAC = BAC/CPI$

（续表）

名字	缩写	同义词	公式
估计完成	ETC		ETC＝EAC−AC
完成时的差异	VAC		VAC＝BAC−EAC
净现值	NPV		NPV＝FV/$(1+r)^n$，r 是利率，n 是周期
剩下的工作	WR		WR＝BAC−EV
完成绩效指数	TPCI		TPCI＝（BAC−EV）/（EAC−AC）
剩余时间	TM		TM＝WR/每天进展
每日进度百分比	PPD		PPD＝目前工作完成量/工作任务×100%
项目评估审查技术	PERT		PERT＝（P+4ML+O）/6
成本斜率	CS		CS＝（C_c−C_n）/（T_c−T_n）

注：SPI>1 表示比计划早，CPI>1 表示比预算低——这都是好的表现。

表 2−1 整个项目生命周期通常项目管理公式是基于如下情况使用的：

（1）目标完成时。

（2）在方案会议之前。

（3）定期。

（4）利益相关者需要项目状态数据时。

（5）差异表示需要调整时。

（6）在计划结束时。

2.4 小结

IMP 和 IMS 是 DoD 和大型国际公司的重要计划管理工具。先进的战术战斗机是第一个使用 IMP/IMS 过程的项目。IMP/IMS 为规划和安排大型复杂计划中的工作提供重要帮助。

IMP 是事件驱动的计划，记录完成工作所需的主要成就，并将每项成就都附加到重要的计划目标。IMP 是客户和承包商之间关于事件驱动项目定义的共识。IMS 定义了顺序事件和重要决策点来评估项目进度和性能。

IMP 通常是大型项目的合同文件。IMP/IMS 是项目执行的详细时间驱动计划，有助于确保按交付日期完成，并且在项目执行期间使用跟踪和状态工具。IMP 通过开发并符合项目要求提供项目可追溯性：目标声明，技术性能要求，合同工作分解结构和合同工作声明。

IMP 实施可追溯和可衡量的计划，以实现集成产品开发。整合项目功能活动，并纳入低级和供应商的 IMP。根据所使用的分解方法，WBS 还可以定义项目的生命周期过程以及与项目，项目或任何更高级别实体相关的可交付成果。

IM 将所有知识领域整合到一个项目中，并将共同规划成一个无缝活动，并协调项目中的各种过程和执行活动。即时通信充当"胶水"，可以使项目保持一致运行。IM 同步项目管理功能活动并相应地从始至终进行协调。

如果工作范围有任何变更或修改，则需要通过记录所有利益相关方达成一致并制订变更管理计划来确定成功的参数。

时间管理是在项目后期开发过程中通过管理资源、时间、金钱和项目范围来实现的。检查项目状态和性能，管理货物/或服务客户所需的更改对时间管理非常重要。

成本管理需要控制项目进度。管理大型计划成本和时间表可能是一个很大的挑战。

成本绩效指数（CPI）和进度表现指数（SPI）对于追踪整个计划生命周期都很重要。

人力资源管理部门的职能是人力资源规划、收购计划团队、管理计划团队，以及在项目之间有效平衡工作量，并且帮助各方沟通交流。

思考题

2-1 请解释工作分解结构（WBS）在项目管理中的作用，并列举至少三个具体的应用场景。

2-2 请描述如何利用工作分解结构（WBS）来识别和管理项目中的风险，并给出一个具体的例子。

2-3 假设你是一名项目经理，正在管理一个大型建筑项目。项目进行到一半时，你发现实际成本已经超过了预算的10%。请描述你会采取哪些具体步骤来解决问题，并确保项目能够按计划完成。

2-4 请解释风险管理在项目管理中的重要性，并描述在风险管理过程中通常包括的步骤。此外，举例说明如何在实际项目中应用这些步骤来识别和应对潜在风险。

3 飞机系统工程以及管理计划和执行

3.1 飞机系统工程和团队管理计划

通常只出现在项目团队计划中的关键元素及团队管理计划包括如下内容：

（1）文档。

（2）沟通。

（3）人事/招聘/培训。

（4）采购。

（5）测试。

（6）系统实施。

（7）财务：计费、支付、营运资金。

（8）终止/收尾。

（9）意外事项。

团队计划必须明确说明团队的目标，即每个人都了解自己的使命。设定明确目标团队的原则必须指定客户认为重要或必要的任何事项，并且项目团队必须说明具体结果，即报告、产品等。确定明确目标的原则必须切实可行，并且必须考虑可用资源、团队经验、可用时间以及任何限制和不确定因素，并应在合理的误差范围内实现。

目标必须是可观察的，并应指定可以容易识别的条件以使顾客和用户满意。在项目完成时，每个人都应该对目标是否完成表示同意。目标必须使用积极的术语来表述，如"一定会"；而不是被动的术语，如"应该会"或"尝试一下"。

每个工作包（见图3-1）应包括如下内容：

WBS的三个上部的层级

WBS元素	WBS层级								
	1	2	3	4	5	6	7	8	9
0	飞机								
1		结构							
11			机翼						
112				外部结构					
1121					后翼梁				
1122					前翼梁				
1123					上翼梁				
1124					下翼梁				
1125					肋和梁				
1126					舱门				
113				后缘部分					
1131					固定后缘				
1132					后缘襟翼				
114				前缘					
14			机身						
141				前机身部分					
2		飞机飞行系统							
21			环境控制系统						
213				空调					
2131					空调设备				
22			航空电子						

图3-1 前三级项目工作分解结构

（资料来源：D6-48033）

（1）任务定义。

（2）交付成果（最终产品）。

（3）时间估计/进度计划。

（4）资源需求。

（5）成本估算/预算。

（6）输入和前置任务。

（7）责任。

（8）风险。

图3-1显示了项目前三个层级的工作分解结构。第1级是整个产品，第2级是主要产品部分，第3级包含2级元素的可定义组件或子集。

图3-2显示了 Word 缩进格式的项目 WBS 示例。这里定义了四个层级作为示例。

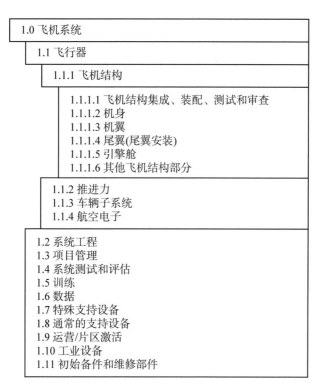

图 3-2　缩进格式的项目 WBS 示例

项目规划还包括项目进度计划，其目的是在项目活动可以或必须发生时进行规划和沟通。项目进度表的工具是甘特图。Microsoft Project 是用于管理项目计划以进行规划的另一个常用工具。

图 3-3 演示了项目 1 级的计划示例。

ID	ⓘ	任务名	持续时间/周	开始	结束	1	2	3	4	5	6	7 年份
1		示例项目	269.8	01/03/05	01/05/10							
2		客户里程碑	244.2	26/08/05	01/05/10							
3		CM#1	0	26/08/05	26/08/05	◆26/08						
4		CM#2	0	01/03/06	01/03/06	◆01/03						
5		CM#3	0	01/01/07	01/01/07		◆01/01					
6		CM#4	0	01/10/07	01/10/07			◆01/10				
7		CM#5	0	01/03/09	01/03/09				◆01/03			
8		CM#6	0	01/06/09	01/06/09				◆01/06			
9		CM#7	0	01/09/09	01/09/09					◆01/09		
10		CM#8	0	01/12/09	01/12/09					◆01/12		
11		CM#9	0	01/03/10	01/03/10					◆01/03		
12		CM#10	0	01/05/10	01/05/10						◆01/05	
13												
14		制作里程碑	248	01/03/05	01/12/09							
15		项目启动	0	01/03/05	01/03/05	◆01/03						
16		SRR	0	01/06/05	01/06/05	◆01/06						
17		PDR	0	28/10/05	28/10/05	◆28/10						
18		CDR	0	01/11/06	01/11/06		◆01/11					
19		TRR	0	01/08/07	01/08/07			◆01/08				
20		TBD	0	01/12/08	01/12/08				◆01/12			
21		TBD	0	01/03/09	01/03/09				◆01/03			
22		TBD	0	01/06/09	01/06/09				◆01/06			
23		TBD	0	01/09/09	01/09/09					◆01/09		
24		TBD	0	01/12/09	01/12/09					◆01/12		

图 3-3　一个项目级别 1 计划示例

图 3-4 演示了项目 2 级的计划示例。

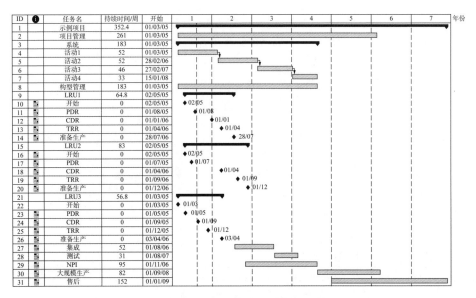

图 3-4 项目级别 2 计划示例

图 3-5 演示了项目 3 级的计划示例。

图 3-6 显示了项目生命周期中的项目计划，包括概念阶段、定义阶段及执行阶段。

项目规划是项目生命周期的重要组成部分（见图 3-6）。提案和总体规划中出现的主题如下：

（1）范围、工作说明/SOW、章程，包括目标、用户/系统要求。

（2）工作定义，包括 WBS、工作包和所需资源。

（3）项目组织，包括专业知识/技能和责任。

（4）项目进度表，包括时间表、里程碑重要目标。

（5）项目预算，包括按工作包/资源细分。

（6）审查和控制，包括工作评估/质量保证、评估/批准、变更控制、风险监控。

图 3-7 显示了传统和 IPT 方法。波音公司使用 IPT 的新飞机可将项目周期缩短 40%~60%。

图 3-8 显示了 IPT 的核心团队成员和兼职成员。

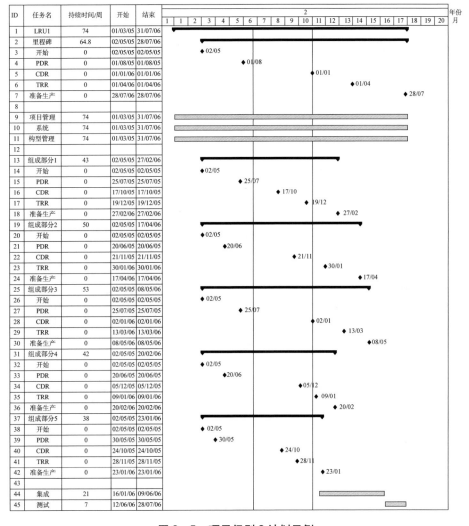

ID	任务名	持续时间/周	开始	结束
1	LRU1	74	01/03/05	31/07/06
2	里程碑	64.8	02/05/05	28/07/06
3	开始	0	02/05/05	02/05/05
4	PDR	0	01/08/05	01/08/05
5	CDR	0	01/01/06	01/01/06
6	TRR	0	01/04/06	01/04/06
7	准备生产	0	28/07/06	28/07/06
8				
9	项目管理	74	01/03/05	31/07/06
10	系统	74	01/03/05	31/07/06
11	构型管理	74	01/03/05	31/07/06
12				
13	组成部分1	43	02/05/05	27/02/06
14	开始	0	02/05/05	02/05/05
15	PDR	0	25/07/05	25/07/05
16	CDR	0	17/10/05	17/10/05
17	TRR	0	19/12/05	19/12/05
18	准备生产	0	27/02/06	27/02/06
19	组成部分2	50	02/05/05	17/04/06
20	开始	0	02/05/05	02/05/05
21	PDR	0	20/06/05	20/06/05
22	CDR	0	21/11/05	21/11/05
23	TRR	0	30/01/06	30/01/06
24	准备生产	0	17/04/06	17/04/06
25	组成部分3	53	02/05/05	08/05/06
26	开始	0	02/05/05	02/05/05
27	PDR	0	25/07/05	25/07/05
28	CDR	0	02/01/06	02/01/06
29	TRR	0	13/03/06	13/03/06
30	准备生产	0	08/05/06	08/05/06
31	组成部分4	42	02/05/05	20/02/06
32	开始	0	02/05/05	02/05/05
33	PDR	0	20/06/05	20/06/05
34	CDR	0	05/12/05	05/12/05
35	TRR	0	09/01/06	09/01/06
36	准备生产	0	20/02/06	20/02/06
37	组成部分5	38	02/05/05	23/01/06
38	开始	0	02/05/05	02/05/05
39	PDR	0	30/05/05	30/05/05
40	CDR	0	24/10/05	24/10/05
41	TRR	0	28/11/05	28/11/05
42	准备生产	0	23/01/06	23/01/06
43				
44	集成	21	16/01/06	09/06/06
45	测试	7	12/06/06	28/07/06

图 3-5　项目级别 3 计划示例

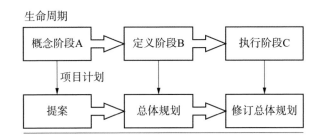

图 3-6　项目生命周期中的项目计划

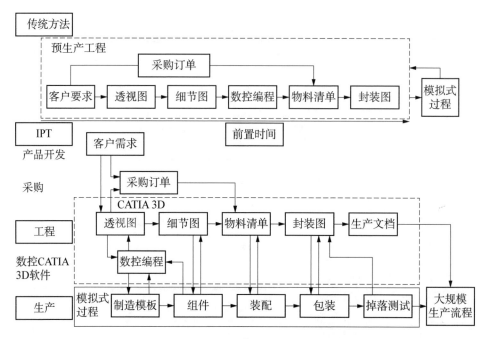

图 3-7 传统和 IPT 方法

图 3-8 IPT 的核心团队成员和兼职成员

图 3-9 显示了 IPT 的九步计划与执行流程及其可交付成果。

传统的飞机设计解决方案因素包括阻力、质量、噪声、进度可靠性、开发成本和建造成本。考虑的其他因素是维护成本和飞机可用性。

研究表明，影响飞机的生命周期成本如下：

（1）设计仅占总资源分配的 5%，设计对下游成本的影响为 70%。

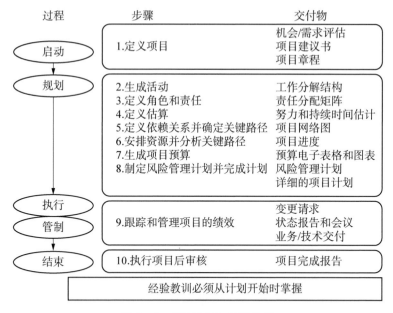

过程	步骤	交付物
启动	1.定义项目	机会/需求评估 项目建议书 项目章程
规划	2.生成活动 3.定义角色和责任 4.定义估算 5.定义依赖关系并确定关键路径 6.安排资源并分析关键路径 7.生成项目预算 8.制定风险管理计划并完成计划	工作分解结构 责任分配矩阵 努力和持续时间估计 项目网络图 项目进度 预算电子表格和图表 风险管理计划 详细的项目计划
执行 管制	9.跟踪和管理项目的绩效	变更请求 状态报告和会议 业务/技术交付
结束	10.执行项目后审核	项目完成报告
	经验教训必须从计划开始时掌握	

图 3-9 IPT 计划与执行流程

（2）材料占总资源分配的 50%，对下游成本的影响为 20%。

（3）劳动力占总资源分配的 15%，对下游成本的影响为 5%。

（4）影响占总资源分配的 5%，对下游成本的影响为 30%。

设计资源是飞机制造业中最高的杠杆资源。因此，更少的设计变更将对飞机的生命周期成本产生较大的影响。

3.2 飞机系统工程和管理执行战略

没有计划，执行就不会成功，所以我们必须有计划！

项目管理方法由五个项目阶段组成：启动、计划、执行、监控和关闭（见图 3-10）。启动阶段和结束阶段在项目生命周期中产生一次。开发阶段是迭代的，包括计划、监控及执行。

IMP 是 IMS 的基础。IMP 包含关键事件，包括满足技术和协议/合同要求的活动，这些活动是开始/结束主要计划活动的时间间隔，以及与系统持续发展有关的决策点相关系统成熟度。IMP 还包含重要成就，如特定结果证实了一

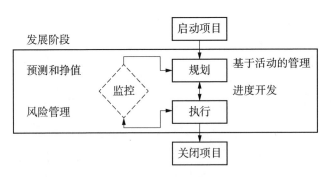

图 3 - 10　项目管理方法的五个组成阶段

个事件，该事件表明每个产品/过程的设计成熟度（或进展）水平，并且通常是计划开发过程中的离散步骤。

IMP 表明，产品的设计和生产已经成功完成，系统集成商的 IMP 支持并且得到了其子公司的 IMP 的支持。这简要地描述了要约方的主要功能流程/项目，它们与 IPD 流程的关系以及实施它们所需工作的概况。IMP 只涉及实施或开发流程/项目的关键要素（即流程/项目将是什么或将如何实施），描述执行可能没有具体 IMP 成就（可生存性等），其成就标准可以是确定重大成就成熟度水平的权威性措施。完成指定的工作，确保关闭指定的"重要成就"。

一个集成和网络化多层工作的时间表需要在相关的 IMP 中完成。IMS 应包括所有 IMP 事件和成果，并支持每个已完成任务的最终评定标准。IMS 在项目执行期间对项目计划提供了详细的见解，包括初始的 IMS 支持风险评估，源选择评估（贸易研究）以及在执行计划过程中的跟踪和状态工具。高水准的工具在项目执行过程中显示进度、WBS、工作包、激励以及绩效导向都相关联。

图 3 - 11 显示了多层项目进度表的计划树。

图 3 - 12 显示了单一编号方案。

IMP 在 IMS 中进行了扩展，包含完成单个 IMP 标准所需的所有详细任务。然后，将这些任务用于联网的时间表以开发 IMS。单一编号方案有助于与 IMP、IMS 和 WBS 交叉参考。

开发 IMP/IMS 模型的七个关键要素列举如下：

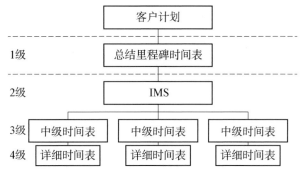

图 3-11　项目进度表的计划树

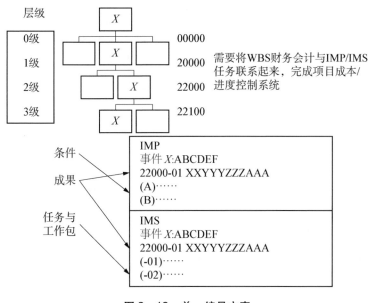

图 3-12　单一编号方案

（1）人员配置：为 IMP/IMS 团队获取和安排人才。

（2）发展：通过培训建立能力/能力。

（3）措施和奖励：跟踪表现和期望的行为。

（4）沟通：利用信息建立和维持势头。

（5）组织设计：组织支持变革举措。

（6）IT 系统：利用技术支持 IMP/IMS 实施。

（7）资源分配：正确分配资源（建议副总赞助）。

图 3-13 显示了该过程的五个关键阶段：启动、计划、执行、监控和

结束。

1. 启动	2. 计划	3. 执行	4. 监控	5. 结束
项目表	项目范围	排程	变更管理	获得项目信息
工程项目许可	排程管理	预算	风险管理	结束项目
IPT	风险管理	资源	基于活动的管理	项目结束许可
变更管理计划	资源管理	交流	状态和预测	
SOW	规矩	行动项	获得价值管理	
	行动项		指标监控	
	交流			

图 3-13　项目的五个关键阶段

3.3　小结

项目团队计划必须明确说明团队的目标，即每个人都了解自己的使命。设定明确目标团队的原则必须指定客户认为重要或必要的任何事项，项目团队必须指定具体结果，即报告、产品等。

确定明确目标的原则必须切实可行，并且必须考虑可用资源、团队经验、可用时间以及任何限制和不确定因素，还应在合理的误差范围内实现。

在项目完成时，每个人都应该对目标是否完成表示同意。目标必须使用积极的术语来表述，如"一定会"；而不是被动的术语，如"应该会"或"尝试一下"。

风险项目规划还包括项目进度计划，其目的是在项目活动可以或必须发生时规划和沟通。Microsoft Project 是用于管理项目计划以进行规划的流行工具。

IMP 是 IMS 的基础。IMP 包含关键事件，包括满足技术和协议/合同要求的活动，这些活动是开始/结束主要计划活动的时间间隔以及与系统持续发展有关的决策点相关系统成熟度。IMP 还包含重要成就，如特定结果证实了一个事件，该事件表明每个产品/过程的设计成熟度水平，并且通常是计划开发过程中的离散步骤。IMP 表明，产品的设计和生产已经成功完成，得到了系统集成商的 IMP 支持，并且也得到了其子公司的 IMP 支持。

IMP 只涉及执行或制订关于执行任务的总体方法的过程/项目描述的关键要素，而这些任务可能没有具体的 IMP 成就。其成就标准可以是确定重大成就成熟度水平的确定性措施。

完成相关 IMP 中捕获的工作所需的项目任务的集成和网络化多层时间表。IMS 应包括所有 IMP 事件和成果，并支持每个已完成任务的最终评定标准。IMS 提供了对项目计划的详细了解，初始 IMS 在项目执行期间支持风险评估，源选择评估以及跟踪和状态工具。

高水准的工具在项目执行过程中显示进度、WBS、工作包、激励以及绩效导向都相关联 IMP 在 IMS 中进行了扩展，包含完成单个 IMP 标准所需的所有详细任务。然后，将这些任务用于联网的时间表以开发 IMS。单一编号方案有助于与 IMP、IMS 和 WBS 交叉参考。

七个关键要素与开发 IMP/IMS 模型相关。IMP/IMS 是规划、组织和指导计划的有纪律的方法。它将所有项目活动集中在产品上，并创建可集中资源的可跟踪计划。IMP/IMS 帮助团队管理风险。它为风险评估提供输入，并支持项目的所有阶段。IMP/IMS 开发模式提高了每个人的工作环境质量。

没有计划，执行将不会成功，我们必须制订计划！项目管理方法由五个项目阶段组成。启动阶段和关闭阶段在项目生命周期中发生一次。开发阶段是迭代的，包括计划、监控以及执行。

思考题

3-1 请详细解释在团队计划中每个工作包应包含的内容，并说明这些内容如何帮助项目团队更好地管理和执行项目任务。

3-2 定义主集成规划（IMP）和主集成计划（IMS），并解释它们之间的关系。

3-3 列出并解释 IMP 中包含的关键元素。

3-4 描述 IMS 在项目管理中的作用，特别是它如何支持项目的风险评估、源选择评估，以及执行在计划过程中的跟踪和状态报告。

4 飞机系统工程和管理高绩效

4.1 飞机系统工程与管理团队沟通

沟通管理是确保及时适当地生成、收集、分发、储存和安排项目信息所需的过程。沟通有助于制订目标、明确项目、报告绩效和协调活动。如果没有沟通，那么每个人都可以随心所欲做自己想做的事情，如同一盘散沙！有效的沟通在整个公司都很重要。管理工作85%的时间是花在沟通上的。沟通时间可以细分如下：

（1）写作为9%。

（2）阅读为16%。

（3）对话为30%。

（4）倾听为45%。

沟通所能保持的时间如下：

（1）现在50%。

（2）两天内25%。

（3）7天后10%。

可能扭曲、分散或以其他方式导致信息失去其原始含义的因素如下：

（1）语言。

（2）文化。

（3）语义。

（4）智力/知识水平。

（5）权威机构/声望。

（6）情绪状态。

倾听是与管理人员工作相关的最重要的技能，通常也是管理人员和成员所掌握的最基础的技能之一。倾听是一个积极的过程，需要关注、关怀和纪律约束。

沟通风格可以定义为以下类型：

（1）权威。给予期望和指导。

（2）提升。培养团队精神。

（3）促进。根据需要提供指导。

（4）和解性。友好的关系和意见达成一致。

（5）决策。使用合理的判断。

（6）道德。诚实和公平，按照书面规定。

（7）机密。不公开或外传。

（8）分裂破坏。破坏团体的团结和煽动者。

（9）恐吓。"难搞的家伙"可能降低士气。

（10）好斗。喜欢争斗或持反对意见。

沟通过程如下：

（1）沟通计划。确定谁需要什么信息，何时以及如何给予。

（2）信息分配。确定将使用哪些工具和技术来生成项目记录。

（3）绩效报告。提供项目记录包括信函、备忘录、会议记录，绩效报告包括时间、范围、成本、绩效表现、风险，技术文件包括变更请求、范围、预算。

（4）行政工作结束。提供项目档案，正式验收，应准备和分发客户或赞助商已接受项目（或阶段）产品的文件；经验教训包括什么是正确的，什么是错误的，下一次应该如何改变。

图4-1显示了产品和流程团队应分组并搭配在一起。

计划团队的组织结构（见图4-1）以及清晰的愿景和使命应该设计成按照最低实际产品周期成本按时交付一次送检合格率产品。团队应该致力于建立卓越标准，以便继续执行该项目。它必须致力于全面质量战略。

IPD的工作如下：

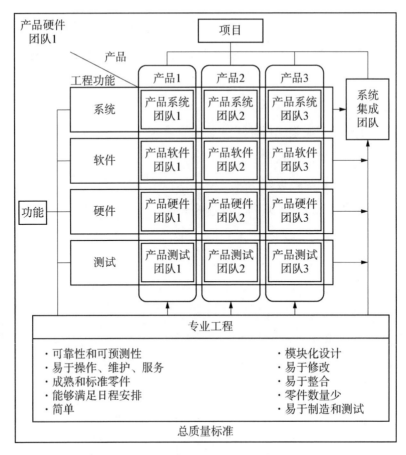

图 4-1　产品和流程团队应分组并搭配在一起

（1）使用产品开发团队同时进行所有产品定义分析（如工程分析、可生产性、可维护性、可靠性、可检测性、可运行性、可支持性等），以最大限度地降低项目风险。

（2）执行所有产品和工艺的定义（如设计定义、工具定义、制造和装配说明、测试要求和程序、质量检验要求等），并密切配合。

此外，IPD 团队应该使用布德里奇美国国家质量奖（Baldrige Award）标准和全面质量策略来监控项目的持续改进。关键措施将分为如下八类：

（1）团队训练。

（2）团队组织结构。

（3）客户参与。

（4）供应商参与。

（5）团队表现。

（6）团队时间表。

（7）团队信息共享。

（8）团队领导。

4.2 高绩效预算管理

机会青睐有准备的人。《孙子兵法》

项目管理中高效沟通是必需的。沟通最常见的方式如图4-2所示。

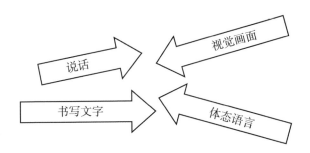

图4-2 沟通最常见的方式

沟通类型可以是单向的、双向的和一对多的，如图4-3所示。

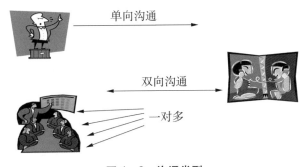

图4-3 沟通类型

IPT 要求垂直（见图 4-4）和横向（见图 4-5）沟通。双向沟通对于任何公司都很重要。领导者在执行阶段还需要一个沟通计划。让每个人都了解情况是一个项目成功的关键过程。良好的沟通总是令人满意的，但过滤掉坏消息对项目来说可能是有风险的，因为它会回来并带来麻烦。

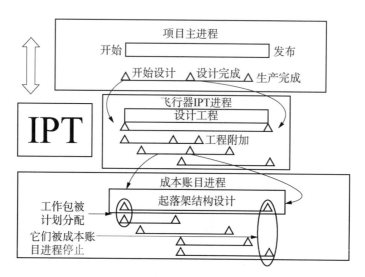

图 4-4　垂直沟通管理

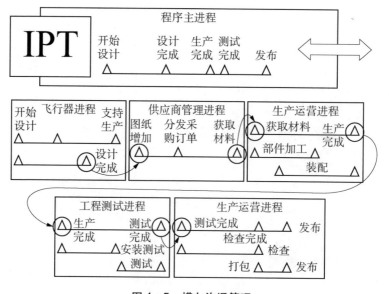

图 4-5　横向沟通管理

图4-6描述了IPT成功的沟通是如何根据工作范围、时间表和预算来规划和执行项目的。

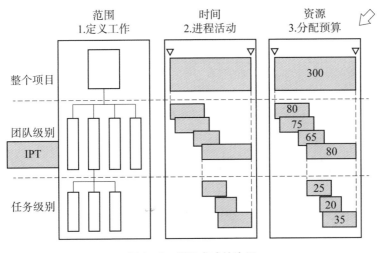

图4-6 IPT成功的沟通

每个项目都有预算，团队中的每个人都有预算。组织中任何级别的个人都应该了解他或她的职责，并为他或她必须执行的工作分配预算时间。

预算在广义上可以被定义为管理项目和政策的可获得的资源，这些管理项目和政策被用作一个给定时间段的导览或蓝图（见图4-7）。预算在狭义上是指对一定时间内某一特定目的可获得的金钱，基于那段时期的支出的预测。预算有两个种类；直接预算和间接预算。直接预算是分配到员工材料和其他直接资源的预算总和。

合同预算基线是协商合同目标成本加上授权未标价的工作的预计成本，仅由客户授权的改变导致的增加和减少。绩效测量基准（PMB）性能测量基线时间阶段化预算计划，性能根据此被测量，加上被分配的预算所有控制账目预算的总和，包括间接的预算、未分配的预算——还没分配给成本账目的授权工作的预算。

管理储备金0%~20%。项目管理者通过考虑如下问题来建立从协商的合同成本中提取的管理储备金水平：技术挑战、管理挑战、风险和成本管理策略（汇率变化）。原本并不被分配到成本账目。不能被用于覆盖超支。提供未来

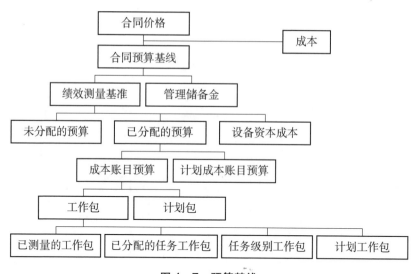

图4-7 预算基线

已知或未知（合同范围内）的工作（不确认到特定的任务）。计算机记录项目预算日志。

未分配的预算如下：

（1）确认到特定的任务范围。

（2）被记录于项目预算日志。

（3）尽快分配到成本账目。

（4）合同更改。

（5）未分配的预算常常在统计月的末尾、更改被接收的月份之后然后分配到成本账目。

（6）授权的未协商的工作。

（7）项目管理者可能将预算分配给在相近项目中体现的工作的成本账目，但是，在收到合同变更之前，估计成本的剩余部分将保留在未分配预算内直到合同更改被接收。

设施资金成本是估算于平均净资产投资的应计利息，也被称为"资金成本"。成本账目预算包括活动、来源、劳动力、附属合同、材料、出行、其他直接成本和挣值方法。

挣值方法如下：

（1）离散的。

（2）分配的。

（3）投入水平。

（4）渐进式规划。

（5）工作包。

（6）计划包。

控制账目计划的制订：如果适用的话，则将成本账户预算分解成较小的工作包。

控制账目有如下一些特征：

（1）工作的范围。

（2）目标任务完成标准。

（3）单个性能组织。

（4）开始和结束的日期。

计划包包括如下特征：

（1）成本账户中未来工作的逻辑汇总。

（2）没有足够的关于工作包计划的细节信息。

（3）有工作范围和根据计划制定的开始和截止日期的阶段性预算。

（4）必须在工作开始前优先分配工作包级别。

（5）工作包只是成本账户中的低级别任务或作业分配。

（6）控制点是管理成本、进度和技术活动。

工作包有以下特征：

（1）它有单一的成本要素（如劳动力）。

（2）详细的短期工作或为完成工作范围而确定的物料项目。

（3）它代表工作单位在执行工作的水平。

（4）每个工作包都与其他包明显区别。

（5）它可以分配给一个单一的执行机构。

（6）它的持续时间限制在相对短的时间内（少于 6 个月）。

（7）它被编入预算/配备人员。

（8）它有开始和结束日期。

（9）它有单一的赚取价值的技术。

（10）它在进度系统中是可追踪的。

4.3 WBS、OBS 和 PBS 的集成

WBS 是项目计划和控制的基础。WBS 是工作范围、进度和成本的关键。项目经理必须拥有 WBS 才能进行计划和衡量进度。为了执行指定的任务，WBS 的核心是可交付成果或有形产品的层次结构。

WBS 是需要由项目团队执行的工作的分层分解（见图 4-8）。WBS 用于估算项目所需的时间表、成本和资源。

OBS 是一个组织分解结构。在大型组织中，OBS 帮助项目经理了解组织的结构和运作方式，并将工作任务联系起来，以满足向客户承诺的时间表。

PBS 是一个层次结构，项目的主要输出被放置在顶层。下一个级别显示组成较高级别的组件。这个过程持续到个别产品的水平。每个产品都将定义验收标准和质量控制方法。

图 4-9 显示了如何建立项目预算基准。

图 4-10 显示了如何使用 WBS 和 OBS 完成计划和执行，其中 RAM 由 WBS 和 OBS 创建。

有两种方法可将预算分配到最低级别。一种方法是自上而下（见图 4-11），另一种方法是自下而上（见图 4-12）。一般而言，预算分配通过"自下而上"方法开始，并以"自上而下"方法结束。每个部门提交的总预算通常大于该计划的可分配预算。这是因为方案预算控制办公室，将预算总额中的一定比例作为项目利润持有，并作为管理储备金预算，用于管理控制的预算金额。方案预算控制办公室根据可分配预算审查分部预算，并将调整后的预算转发给每个部门。分部业务管理部向每个部门或集团提供预算信息指南和调整后的预算。CAM 然后将调整后的预算重新分配给成本账户。

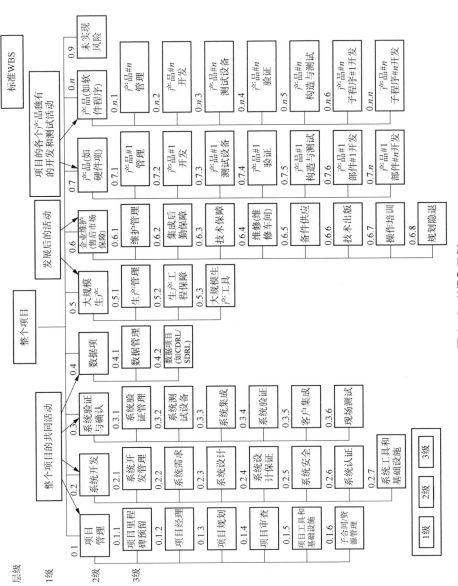

图 4-8 WBS 示例

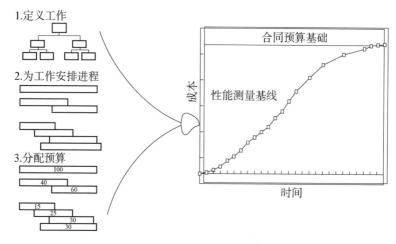

图4－9　建立项目预算基准

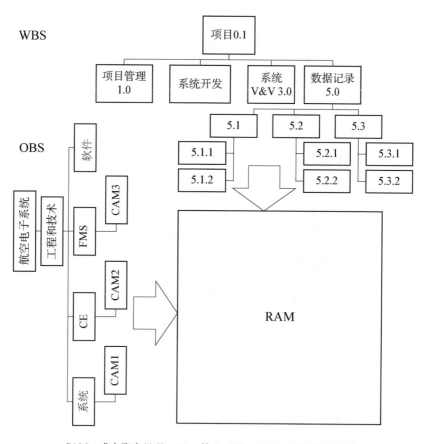

CAM—成本账户经理；CE—核心工程；FMS—飞行管理系统。

图4－10　计划和执行

图 4-11　自上而下方法

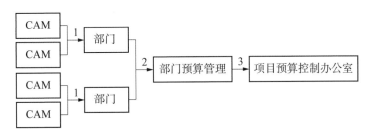

图 4-12　自下而上的方法

这两种方法有如下特征：

（1）CAM 准备预算包（如工作报告、阶段性预算、进度表等）。

（2）分区预算管理审查各部的预算并汇总预算。部门预算共计分配给部门预算。

（3）项目预算控制办公室审查分区预算并批准它。

由各部门提交的总预算通常大于分配给项目的预算。这是因为方案预算控制办公室将总预算中的一定比例作为项目利润用于公司，并作为管理储备金预算，用于管理控制目的的预算数额。项目预算控制部门办公室根据分配的预算审查部门预算并进一步调整预算到各部门。分部业务管理为每个部门或小组提供预算信息指引和调整预算。CAM 然后再分配调整预算成本账户。

这些不是 EVMS 的"把戏"，而是我们的额外工具，让我们可以做如下工作：

（1）认清环境的条件。

（2）改变受体。

（3）通过改变自己来改变反应和结果。

（4）他们帮助成功地制订计划和执行计划并成为领导者。

4.4 小结

此外，每个项目都应该根据工作范围、时间进度和预算来规划和执行。广义上的预算可以定义为管理计划和政策可用的资源，这些计划和政策可作为一段时间内的指导或蓝图。预算分为两类：直接预算和间接预算。直接预算是分配给人力、物力和其他直接资源的预算之和。合同预算是经过协商的合同目标成本加上授权的未定价工作的估计成本。

项目和预算是一个按时间分阶段的预算计划，根据该计划来衡量业绩，加上未分配预算，即包括间接预算在内的所有控制账户预算的总和。未分配预算是尚未分配到成本账户的已授权工作的预算。管理储备通常在 0% ~ 20% 之间。

项目经理通过考虑技术挑战、管理挑战、风险和成本管理策略，从谈判合同成本中确定管理储备级别。管理储备最初没有分配到成本账户，并且不能用于弥补超支，但它用于将来已知或未知的工作。这些项目将通过计算机记录在项目预算日志中。未分配预算被确定为特定的工作范围，并记录在计划预算日志中。未分配预算将尽快或在合同修改后分配到成本账户。通常情况下，未分配预算将尽快分配到成本账户。未分配预算通常在收到修改月份后的会计月底之前分配到成本账户。

项目经理可以将预算分配到成本账户，以便在短期内执行工作，同时在收到合同修改之前保持未分配预算的估计成本的剩余部分。

设施资本成本是设施资本成本是适用于平均净资产投资的估算利息，也可称为"货币成本"。

计划工作包是控制账户计划的开发：将成本账户预算分解为更小的工作包（如适用）。

工作包具有与控制账户相同的特征：工作范围，目标任务完成标准，单个执行组织以及开始和结束日期。工作包只是成本账户中的低级别任务或工作分配。

WBS 是需要由项目团队执行的工作的分层分解。WBS 用于估算项目所需的时间表，成本和资源。在大型组织中，WBS 和 OBS 帮助项目经理了解组织的结构和运作方式，并将工作任务联系起来，以满足向客户承诺的时间表。

有两种方法可将预算分配到最低级别。一般而言，预算分配通过"自下而上"方法开始，并以"自上而下"方法结束。每个部门提交的总预算通常大于该计划的可分配预算。

这是因为方案预算控制办公室将预算总额中的一定比例作为计划利润持有，并作为管理储备金预算用于管理控制的目的。

方案预算控制办公室根据可分配预算审查分部预算，并将调整后的预算转发给每个部门。分部业务管理部向每个部门或集团提供预算信息指南和调整后的预算。

成本客户经理然后将调整后的预算重新分配给成本科目。部门预算管理部门审查整套方案并在部门级别上总结预算。部门预算总计划分预算。项目预算管理办公室审查分部预算并批准。成本客户经理准备预算套餐。部门预算管理部门审查整套方案并在部门级别上总结预算。

思考题

4-1　解释沟通管理在项目管理中的重要性，并列举至少三种可能导致信息失真的因素。

4-2　描述在沟通管理过程中的四个主要步骤，并简要说明每个步骤的目的。

4-3　在项目管理中，什么是合同预算基线？它与"绩效测量基准"（PMB）有什么区别？

4-4　在项目管理中，未分配预算（UB）和管理储备（MR）有何不同？它们各自的作用是什么？请详细说明。

5　飞机系统集成计划和测试策略

5.1　开发/单元测试与集成

在开发/单元测试与集成阶段，工程组件被物理地集成到不断增加的硬件和软件集合中。进行测试以确保完成初步设计和详细设计中定义的功能，包括性能要求、错误检测和恢复，以及降级操作。

5.1.1　输入

此阶段的输入内容如下：

（1）最终产品的需求和设计文档。

（2）接口控制文件（ICD）描述详细的物理，功能和性能接口关系。ICD可以控制以下一种或多种设计要求：

　　a. 机械、电气、光学等。

　　b. 操作顺序。

　　c. 互操作性。

　　d. 安装、信封、互连等。

（3）工程的硬件和软件组件、开发和制造阶段的结果。

5.1.2　过程

负责最终产品的硬件和软件工程组织开始进行测试，以确保他们满足其最低水平的目标，在各自的发展计划里按照流程的定义，系统工程部门帮助评估拟议的修改和更正的范围和适当的支持这一进程，并帮助评估这些变化，以及更正系统级要求，设计和测试计划的活动的影响；同时，也有助于评估是否有任何影响或引起系统更高级别的风险。

通过最低水平验证过程的硬件单元，然后先后进入更高的水平阶段，使分配给那些更高级别的验证可能会开始。

同样的代码，通过初始的单元测试被集成到连续的较高的水平，并进行验证，完成一个完整的计算机软件构型项（CSCI）的水平。

异常记录，纠正并重新验证的单位，直到相应的验证目标已经达到。系统工程部门监控如上这个过程。

5.1.3　输出

此阶段的输出内容如下：

（1）非正式验证的硬件和软件。

（2）根据需要要求，设计和接口文件的更正。

（3）持续的评估，技术性能测量（TPM）。

5.1.4　目标任务评审

一般来说，在此期间没有正式的目标任务评审。然而，独立的初始开发团队可能进行对于安全评估系统的集成和验证活动。

5.2　子系统测试和集成

在子系统测试和集成阶段，成熟的硬件和软件元素汇集运行，同时需要修正系统。进行这些测试是根据其各自的测试计划，可以进行迭代和/或并联（如适用）。

5.2.1　输入

此阶段的输入内容如下：

（1）从之前的阶段输出，完成验证的工程产品在这个阶段处于优先水平。

（2）验证识别的计划，在这个阶段结束。

（3）实验室和模拟器提供的发送和接收设备，在此阶段根据需要进行测试。

（4）检查和演示项目，数据和评估/验收标准。

5.2.2　过程

如上继续集成和验证，达到和超过完整的硬件和软件的高端项目。子系统的集成和测试是减少风险的工作，开始评估那些跨越多个高端项目的要求。例如，兼容性和集成测试可以在实验室进行，使接口 CSCI 可以清楚地传达自己的接口（如消息格式、定时和协议的工作在整个测试组）。硬件项目可能是物理集成（如电路板和机箱组装）同样确保物理兼容性和电源、信号等，传达跨物理接口。软件第一次可以安装在目标硬件上测试（或同等功效）。

在一个给定的终端产品的水平经过选择的要求不能得到有效验证（如"黑匣子"的测试），如卡尔曼滤波器或信号调理，可能会被正式验证和核定在这个水平。编制测试项目和支持数据。在硬件和软件的最终产品阶段满足正式验证的需求做准备，试运行，根据需要修改，在控制下配置。

系统工程部门共同工作的 IPT 负责终端，以确保测试项目已经完成。系统工程部门还继续监测异常处理和修改建议，以确保系统级的要求是可以实现的。

5.2.3　输出

此阶段的输出内容如下：

（1）硬件和软件的高端项目，准备正式的资格测试（软件）和设计/要求验收测试（硬件）。

（2）内部认可的软件测试说明，包括详细的项目。

（3）内部认可的硬件验收测试项目，包括详细的项目。

（4）资格考试。试运行的结果。

（5）飞机改装套件。

（6）测试飞机。

（7）验收试验结果的硬件和软件测试环境，告知在正式的测试中使用这些的环境准备，包括测试环境的配置控制和保证环境运作。

5.2.4 目标任务评审

软件 TRRS 进行，以确保正式资质测试（FQT）的软件开始的必要条件已经满足。按照方案计划，类似测试准备可能在硬件终端项目中进行。

5.3 产品合格测试试验

产品合格测试阶段的结果是终端产品所需的正式验收。

5.3.1 输入

此阶段的输入内容如下：

（1）批准为最终产品合格测试的正式项目，根据最终产品的所要求的具体规范。

（2）在被接受的环境和支持数据下进行正式测试。

（3）在原始设备制造商（OEM）的产品质量测试里，测试和检查记录守则记录了正式测试结果，这是质检部门和工程部联合准备的。

5.3.2 过程

最终产品的硬件和软件都安装在被批准的试验环境中。产品资格的试运行，进行工作的产品和测试项目根据需要进行更新。然后根据被批准的试验项目进行测试并记录结果。测试由质检部门和（他们自行选择）客户监督。在某些情况下，中间的结果需要检测后的数据缩减和分析，以确定一个给定的是否成功。

硬件高端项目的环境试验验证，如大小/尺寸、质量和平衡、压力、动力、导热、盐和雾，以及电磁干扰（EMI）/电磁兼容（EMC）的产品要求已经达到。

在测试过程中记录发生的情况，然后更新测试检验记录手册。每个最终产品测试结果都记录在正式的测试报告里面。

异常记录，分析和纠正需要和飞机工程审查委员会（AERB）配合，进行回归测试。

系统工程部门监视这个进程，支持异常情况的诊断和解决异常的问题。

5.3.3　输　出

此阶段的输出内容如下：

（1）合格的硬件和软件的最终产品。

（2）正式的测试结果记录在测试报告中。

（3）初步的系统测试项目。

（4）异常报告。

（5）更新需求，设计和需要解决异常具体实施的文件。

（6）回归测试报告或更新资格测试报告，所需要报告的内容是修改后的软件和硬件的最终产品。

5.3.4　目标任务评审

在这个阶段没有正式的目标任务评审。

5.4　系统集成和测试

系统集成和测试阶段带来了合格的硬件和软件的系统或子系统级验证实验室环境。如果实验室没有合适的保真度可用，那么这个阶段可能要在飞机上执行。

5.4.1　输　入

此阶段的输入内容如下：

（1）合格的硬件和软件。

（2）实验室环境已经过测试，以保证其可操作性，并已被质量保证部门接受。

（3）初步的系统测试项目。

（4）测试和检验记录手册，准备记录系统测试的结果，这些是质量保证部门和工程部门共同编制的。

5.4.2　过程

完成基于系统水平需求和架构/设计的测试项目。

合格的硬件和软件的最终产品是安装在实验室环境中，在这个水平基础上和实验室的硬件和软件一起进行必要的测试/诊断系统。测试项目试运行，并根据需要进行更新，然后"为了万无一失"的目的重新运行。在测试期间更新时把结果记录在测试和检验记录手册里。得到测试结果后进行分析，并记录在系统测试报告中。异常进行记录，分析和纠正。需要进行回归测试。

需求跟踪矩阵/核查交叉的参考矩阵更新，可以反映出分配给这个级别的测试成功与否的验证。系统工程部门是负责制定相关的测试项目，进行试运行，更新所需要的测试项目，进行官方测试和记录测试结果。

5.4.3　输出

此阶段的输出内容如下：

（1）系统测试报告。

（2）异常报告，根据需要。

（3）更新结束项目文档作为异常的修正和回归测试的结果。

5.4.4　目标任务评审

在这个阶段没有正式的目标任务的回顾评论。

5.5　安装和检查测试

在安装和检查阶段，合格/认可的硬件和软件都安装在测试飞机上，然后在地面上进行测试。如果有需要的话，这些测试还可以用在已经安装在飞机上的系统。

5.5.1 输入

此阶段的输入内容如下：

（1）测试飞机。

（2）临时安装套件，其中包含要安装的硬件和软件，以及执行和检查安装的说明。

（3）地面测试项目。

（4）地面测试仪器设备和数据。

（5）地面支持设备。

5.5.2 过程

执行安装的说明，通常包括进行临时包装。另外，在安装指令经过认证，随后在生产阶段使用套件证明。整合及查证测试是运用详细的测试过程的开发作为地面试验规划活动的一部分。在整合及查证测试期间，系统水平要求如果不要求在飞行条件下进行可能可以被正式验证。

在这个阶段，客户可以见证 OEM 的测试，他们也可以进行额外的已经开发的测试项目，以满足他们自己的测试目标。联合测试计划过程使得 OEM 进行的测试满足客户测试目标。

5.5.3 输出

此阶段的输出内容如下：

（1）从地面测试仪表数据。

（2）地面测试结果部分在地面和飞行测试报告为后续列入。

（3）异常报告，根据需要。

（4）更新需求跟踪矩阵/验证交叉引用矩阵。

（5）修改/安装说明认证。

（6）批准及通关通告。

（7）配置指数信件。

5.5.4 目标任务评审

进行一次地面测试准备评审，以保证设备的准备情况（包括飞机和仪表测试），测试和项目分析，以及负责人员开始地面试验。地面测试准备评审可能只能优先安装软件，只为更新软件。

5.6 系统详细测试和评估（飞行试验）

在系统详细测试和评估阶段，系统在飞行过程中系统被验证和测试。系统工程测试集成的功能在执行飞行测试的过程中起着关键的作用，其中包括详细飞行测试项目的开发。

5.6.1 输入

此阶段的输入内容如下：

（1）已正式完成最终产品和系统测试的硬件和软件终端产品，在最后阶段和真正的飞机地面测试一起进行最后产品和系统测试。

（2）飞行测试的项目。

（3）飞行测试仪表和相关的数据。

（4）用于评估飞行试验结果的分析工具。

5.6.2 过程

飞行安全认证合格的硬件和软件，完成以前装入一个测试平台，以支持地面测试。测试平台还包括仪表支持详细情况收集和之后的飞行测试结果分析。进行预定义的飞行测试项目并收集结果。收集机组人员非正式的表述还可以作随后的回顾和响应。

在每次飞行情况汇报会用以评估结果，并且帮助规划之后的飞行。

测试集成功能在系统工程部门规划和执行飞行测试中起着关键作用。

航班飞行期间收集的测试数据执行数据缩减和分析。

5.6.3　输出

此阶段的输出内容如下：

（1）收集到的测试数据来支持飞行后的数据处理和分析。

（2）试飞结果纳入的地面和飞行测试报告。

（3）更新的需求跟踪矩阵/核查交叉的参考矩阵。

（4）根据需要报告异常情况。

（5）快速查找报告。

（6）操作和支持危害分析。

（7）最终安全分析报告和系统的危害分析。

（8）多余的实用项目/能力报告。

（9）技术订单，技术订单核实和技术订单认证。

5.6.4　目标任务评审

对于一整套的变化，优先进行第一次飞行测试前回顾，以确保首次试飞之前所有必需的设备（包括测试飞机和仪表），测试和分析项目和人员准备开始飞行测试。

对于所有后续试飞，特派团进行飞行前回顾，以保证所有参与者之间（检查候选测试点），飞行指令的准备和仪器检测，以支持这些测试点为目标。

5.7　操作测试与评估

在操作测试与评估阶段，新的系统/子系统安装在操作飞机上，最终用户（启动航空公司客户）进行操作。当测试到这一点要确保验证已经被客户确认的需求，这个阶段着重于有效性，如保证系统已经满足最终用户的需求。

5.7.1　输入

此阶段的输入内容如下：

（1）每架飞机安装套件。

（2）更新的飞行和维护手册。

（3）飞行员熟悉培训材料。

5.7.2　过程

在这个阶段 OEM 是要发挥支持作用的，如支持作开展培训和咨询活动等。

调查异常的报告，飞行员修改建议和纠正措施，以后有时间再看记录启动校正项目。

验证工作的一部分是 OEM 支持客户们操作运行的适应性，安全性和有效性评估。最终修改的适航审定标准矩阵影响设计和相关的验证证据确定明确的标准被确定为飞机的适航性。完成修改适航审定标准，为适航认证提供了基础。

5.7.3　输出

此阶段的输出内容如下：

（1）异常报告，按照需要。

（2）最后的或已建的需求规格说明书、接口控制文件和设计文档。

（3）作为一个整体的系统/子系统的最终测试报告。

（4）最后的或和已建软件的软件版本说明/版本描述文件和硬件竣工图。

（5）更新的发布规格变更通知系统规格和首要的项目开发规格（如是在客户的选择下）。

（6）系统规格，或首要的项目开发规范，结合迄今为止的规格变更通知。

（7）最终需求跟踪矩阵/核查交叉的参考矩阵。

（8）提交的软件资料。

（9）完成修改适航认证标准。

（10）正式客户验收交付的硬件、软件和文件。

5.7.4　目标任务评审

在系统工程部门的支持下，举行功能构型审核，确保在系统水平和终端项目水平满足所有的需求。需求跟踪矩阵/核查交叉的参考矩阵数据支持这一分析。

还有在系统工程部门的支持下，举办一次物理构型审核，最终的内置构型和最终的设计文档是相同的。

功能构型审核和物理构型审核通常会同时一起举行。

5.8 小结

在开发/单元测试与集成阶段，工程组件被物理地集成到更大的硬件和软件集合中。在子系统测试和集成阶段，将硬件和软件的成熟元素汇集并运用，并根据需要处理修正。这些测试根据其各自的测试计划进行，并且可以适当地迭代地和/或并行地进行。

兼容性和集成测试可以在实验室中进行，以便连接"计算机软件构型项目"，可以清楚地通过它们的接口进行沟通。软件可能会首次在目标硬件上安装和测试。系统工程部门与负责最终项目的 IPT 一起工作，以确保测试项目完成。

硬件和软件测试环境的验收测试结果，声明这些环境准备用于正式测试；这包括测试环境的配置控制以及确保环境正常运行。目标任务评审软件测试准备评审，旨在确保开始软件正式合格测试时，所有必要条件都得到满足。

物料鉴定测试阶段导致对最终物料需求的正式验证。OEM 进行的物品鉴定测试，测试和检验记录可以记录正式测试的结果——这些记录由质量保证和工程部门联合编制。

硬件和软件终端项目安装在批准的测试环境中。可以进行项目验证试运行，并根据需要更新工作产品和测试项目。然后根据批准的测试项目进行测试，并记录结果。

硬件最终产品的环境测试验证了尺寸/尺寸、质量和平衡、压力、动态、热、盐和雾，以及 EMI/EMC 等物理要求。测试结果记录在每个最终产品的正式测试报告中。测试报告得到正式测试的结果。

回归测试报告或根据需要更新修改后的软件和硬件是最终项目的资格测试报告。系统集成和测试阶段将合格的硬件和软件集中到实验室环境中，以便在系统或子系统级进行验证。测试项目是空运行并根据需要进行更新，然后重新运行"为了万无一失"。测试和检查记录手册在测试过程中进行更新，以记录结果。得到测试结果，分析并记录在系统测试报告中。系统工程部门负责生成相关的测试项目，进行试运行，根据需要更新测试项目，执行官方测试并记录结果。在安装和检测测试阶段，合格/认可的硬件和软件安装在测试飞机上并在地面上进行测试。

在初始和概念操作测试期间，可以正式验证不需要飞行条件的系统级要求。联合测试计划过程确定 OEM 进行的测试满足客户的测试目标的位置。地面测试结果部分，以便随后列入地面和飞行测试报告。进行地面测试准备评审以确保设备准备就绪，测试和分析项目以及负责人员开始地面测试。

在系统详细测试和评估阶段，系统在飞行期间在飞机环境中进行验证和测试。系统工程的测试集成功能在执行飞行测试的计划中发挥关键作用，包括详细的飞行测试项目的开发。

在最终产品和系统测试中完成正式测试的硬件和软件终端产品和系统，以及真实飞机的地面测试。测试平台还包括仪器，以支持详细收集和后来的飞行测试结果分析。

系统工程的测试集成功能在飞行测试的规划和执行中起着关键作用。执行和分析飞行期间收集的测试数据的数据减少。收集测试数据以支持飞行后数据缩减和分析。飞行测试结果纳入地面和飞行测试报告。

在针对一组给定的变化进行第一次试飞之前，首先进行第一次试飞准备审查，以确保所有必需的设备，试验和分析项目以及人员已准备好开始飞行试验。对于随后的所有试飞，进行特派团准备审查，以确保所有参与者对该飞行的目标达成共识，以及飞行指令和仪器准备就绪以支持这些试验点。

在运行测试和评估阶段，新系统/子系统安装在运营飞机上并由最终用户社区实施。终端项目和系统/子系统整体的最终测试报告。

思考题

5-1　在开发/单元测试与集成阶段，哪些输入是必需的？这些输入如何支持测试过程？

 5-2 在产品合格鉴定试验阶段，哪些输入是必要的？这些输入如何确保测试的有效性和合规性？

 5-3 在安装和检验阶段，哪些输入是必要的？这些输入如何确保测试飞机上的硬件和软件安装及测试的顺利进行？

 5-4 在开发/单元测试与集成阶段，工程组件是如何集成的？这一阶段的主要目标是什么？请描述这一阶段的关键活动和输出。

6　飞机系统工程和 P3 的实施

6.1　系统工程与管理策略

基于团队 P3 的方法（见图 6 - 1）是设计产品及其相关流程的简化、集成和并行方法（Collins & Porras, 2007）。这种方法的独特优势在于上市速度。此外，采用这种方法的产品团队对客户的需求变得更加敏感。所有这些品质对于客户满意度都是至关重要的。

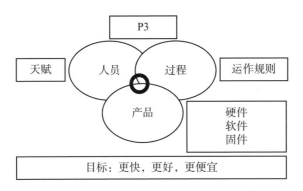

图 6 - 1　P3 方法

传统的产品开发缺乏受影响的功能性学科的前期参与。设计和项目活动的功能性方法往往导致项目后期阶段的界面不连贯和摇摆不定。由于这种效率低下的做法，工作人员在收到工作任务后不得不解决冲突，这种情况导致质量下降、总体成本增加以及相对于时间表表现不佳。

基于团队的方法需要从传统操作模式转变。基于团队的方法的成功实施需要政策定义，资源，培训和团队组建。产品团队负责人必须授权员工参与决策并组建自我管理的工作团队，负责管理职责，如时间安排、培训、招聘和制订纪律。该团队定义了集成进度计划并就每个学科的交接点进行了谈判。成功实施基于团队的方法的一个成果是提高了对其他队友的功能和需求的认识。这种意识增加了有意义的跨职能沟通。消除职能分割增加了企业范围内基于团队的方法理念的采用。

团队沟通对于成功的产品设计和成功的产品开发生命周期至关重要。设计变更是昂贵的，随后的变化，实施成本更高。图6-2描述了传统的顺序产品开发过程与基于团队的整合方法。图6-2中的重叠并发段表示各个项目阶段节省的时间。在技术淘汰出现之前，加速上市扩大了收入来源。基于团队的方法在市场份额，市场领导力和利润方面创造了机会。最好经常看到彼此沟通的队友；因此，为了最大限度地沟通和尽量减少设计变更，将每个项目的团队成员定位于彼此附近是可取的。

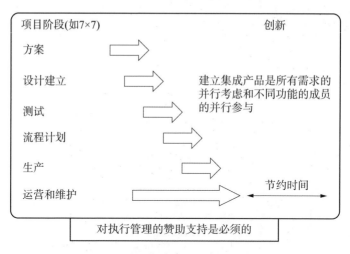

图6-2 传统的顺序产品开发与基于团队的整合方法

快速将产品推向市场给所有公司带来竞争优势。与基于团队的整合方法相比，传统的顺序产品开发过程昂贵且花费很长时间才能完成。因此，基于团队的综合方法带来的实实在在的好处令人惊叹，如整个产品开发周期所需的时间减少了30%~70%。表6-1中的数据表明，如果采用基于团队的综合方法，可以提高生产率。

表 6-1　一种智能的制造方式：基于团队的集成方法的切实好处

对关注领域的切实好处	提高的效率/%
开发时间减少	30~70
工程变更减少	65~90
上市时间快	20~90
整体质量提高	200~600
白领生产力提高	20~110
美元销售额增长	5~50
资产回报率提高	20~120

　　如果基于团队的综合方法的目标得到满足，那么可以预见到令人印象深刻的财务回报。在基于团队的方法计划的早期阶段投入相对大量的资源，可以在产品开发生命周期的后期尽量减少返工。随着项目的成熟，投资减少，但由于预先投资较大，该项目需要来自受影响学科的多人的大力参与。然而，预先投入更多资金后，当设计问题提出并需要工程变更以纳入新的设计要求时，可节省大量时间和成本。在开发后期对产品进行任何返工或召回都会对公司的利润产生负面影响。

　　拥有清晰愿景的多学科团队必须关注工程，生产，销售响应和客户服务的速度。为此，机构管理层重新评估现有项目并重新审视产品开发流程。基于团队的方法强调产品不会成为商品。从团队的角度来看，这种综合方法预先处理了所有正确的问题，并协调了所有可能的行动，以使它们在平行期间发生。

　　对美国财富 100 强企业最有效的做法进行检查可能会导致改进产品开发的建议。美国公司需要在顾客满意度、战略规划、团队合作、员工发展、质量控制和生产技术等方面进行改进。从财富 100 强公司获得的最佳实践使美国公司增加了市场份额并提高了全球竞争力。

　　基于团队的方法可以帮助公司实现全球竞争力。调查结果可用于促进产品改进，更好的见多识广的员工，加快产品开发和提高客户满意度。鉴于全球市场，研究的结果中包括专家的反馈、更具理论性、方法论和实际意义。

6.1.1 领导能力

领导者需要为团队提供包含共同价值观并能够完成其使命的愿景。领导的功能是激励、说服、驱使、激励和与追随者谈判，为共同目标而努力。一个没有领导力的团体只是不同利益的集合。

如今，全球市场的赢家通过并行工程和集成产品团队以相对较低的成本生产高质量产品，并通过定制产品和服务获得新的市场。成功要求持续改进和创新，这又需要领导者的新能力。一个成功的领导者是成功带领众人，实施合理的战略，并展现出有效的领导风格的人。

6.1.2 组织结构

正如凯利（2007）在战略与结构中指出的那样，所有成功的组织都制订了短期和长期战略（市场，金融，形象和人力资源）。然而，他们的持续成功取决于创建一个能够成功与这一战略相匹配的架构（工作设计，人员配备，人员配备计划，组织系统以及变革和冲突管理）。

常见的组织结构是功能，产品和矩阵设计。尽管产品和矩阵结构在20世纪70年代后期被采纳，但功能组织结构仍然是企业环境中最常见的组织结构。由于其高度不稳定的环境，矩阵组织设计最初是从航空航天技术发展而来的。矩阵设计的关键优势在于其重点在于最大限度地发挥优势并将功能和产品结构的弱点最小化。如果产品开发要更高效，那么其组件过程必须被小心地整合。综合的，基于团队的方法也将被详细审查和分析。

6.1.3 全面质量战略

最新的全面质量管理（TQM）方法使用产品组织结构来提高针对目标的绩效，如质量、成本、进度、任务、需求和适应性。全面质量策略是研究的另一个重要方面。其框架包括全面质量管理理念、战略规划、IPD、马尔科姆波多里奇标准以及最佳公司的最佳实践。全面质量管理理念适合团队和参与式方法，以产品开发团队为基础。

6.1.4　概要

在这个竞争激烈的全球商业环境中，企业需要持续改进并提高效率和生产力。美国机构需要以客户为导向，快速且灵活地在未来十年内取得成功。为了在市场上获得全球领导地位，公司必须在质量和成本效益方面的持续改进。

这项研究的目的是为机构领导提供一种潜在的替代管理解决方案，旨在确定美国制造企业提高其竞争力所需的能力。本研究选择了定性研究方法。德尔福的设计被用来捕捉定性数据来解决研究问题。采访数据的审查揭示了全球产品开发所需的团队能力。但是这项研究只关注于重工业。

高层管理人员需要不断评估机构的全球业务战略。高层管理人员必须重组，才能做出快速决策的灵活组织，并以集成产品开发战略为特征，以满足客户的需求。基于团队的方法采用系统的方法来综合开发新产品及其相关流程，包括战略规划、领导力、员工发展和组织精简。这项研究确定了必要的团队能力，并分析了其作为实现长期繁荣工具的可行性。

6.2　权衡研究与知识管理对能力建设的影响

权衡研究对于一个项目非常重要，因为它们是开发满足客户要求的设计的关键工具。权衡研究防止项目管理过早地对设计作出承诺，并且它们平衡了设计、成本、可靠性、可维护性、可生产性和可支持性的考虑因素。

6.2.1　权衡研究的目的和案例研究的例子

本节介绍了涵盖贸易研究的背景和目的以及研究涵盖范围的关系数据库管理系统（RDBMS）。

1）目的

本报告介绍了为选择支持项目航空电子接口数据库系统开发和维护的商业现货（COTS）RDBMS 软件包所进行的交易研究的结果。

2）背景

COTS 的 RDBMS 支持项目数据库。项目选择关系模型的关键原因是基于简单明了的概念模型。关系数据库是由一组表组成的数据库。关系中的每一行表示一组值之间的关系。每个表格都带有关系的名称并包含行和列。通过剪切和粘贴行和列，可以从现有表格构建新表格。RDBMS 将包含项目航电接口（即 1553、ARINC、RS－232、分立、模拟等）信息的完整来源。项目数据库描述和协调在 LRU 之间传递的接口消息。

3）工作的范围

选定的 RDBMS 符合中央计算机设施航空电子综合数据库系统的要求。下文将更详细地阐述 RDBMS 的要求。

（1）RDBMS 数据合并能力。RDBMS 应具有以下能力：

a. 项目设计数据来自硬件规格。

b. 项目设计数据来自图纸。

c. 项目设计数据来自和并且能够扩展到 6 倍。

（2）RDBMS 维护能力。RDBMS 电子维护应包括以下能力：

a. 维护（备份、恢复、存档、安全、权限和访问控制）数据库。

b. 修改（插入、更新和删除）数据库。

c. 查询数据库。

d. 对数据库进行排序。

e. 生成数据库的硬拷贝形式。

f. 生成民民用飞机的接口数据。

g. 生成接口控制图的接口数据。

6.2.2 功能和技术设计要求

本节确定并列出了 RDBMS 的功能和技术设计要求。所选 RDBMS 满足下文中描述的功能和技术设计要求。

（1）功能要求。

RDBMS 将包含计划航空电子接口（即 1553、ARINC、RS－232、分立、模拟等）信息的完整来源。RDBMS 描述和协调在 LRU 之间传递的接口消息。所选的 RDBMS 将能够满足数据库的功能要求。图 6－3 描述了数据库的主要功能：查询、更新/修改、维护数据库和生成报告。

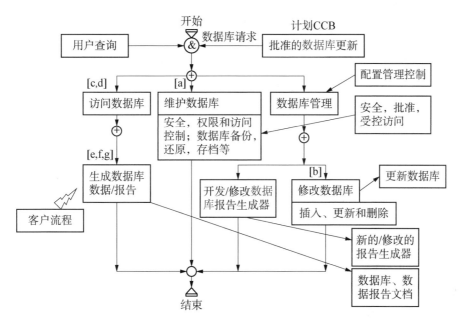

图 6-3　数据库的主要功能要求

计划数据库的菜单驱动接口允许从计划软件工程环境中进行访问。用户友好的选项和简洁明了的输入表格允许用户查询或修改数据库应用项目中包含的任何消息。该应用项目允许管理多个飞机配置和/或不同版本的接口。计划数据库自定义报告生成器将创建报告，显示接口数据的逻辑分组。

使用业界公认的关系数据库管理系统和第四代语言，项目团队将利用航空电子设备接口信息和任务计算机供应商接口的当前资源创建数据库，填充和验证其内容。我们将探索为现有项目航空电子设备采用新开发的项目数据库应用项目的能力。结果将产生一个符合未来项目需求的数据库。

需求分析从识别和获取现有的项目航空电子接口信息开始。公司项目的 RDBMS 策略应符合项目系统规范：项目应提供电子维护能力，以便在航电接口数据库系统中记录项目航空电子接口。总之，项目的 RDBMS 维护能力应包括如下内容：

 a. 维护（备份、恢复、存档、安全、权限和访问控制）数据库。

 b. 修改（插入、更新和删除）数据库。

 c. 查询数据库。

d. 对数据库进行排序。

e. 生成数据库的硬拷贝形式。

f. 生成民机的接口数据。

g. 生成接口控制图的接口数据。

（2）技术设计要求。

数据库的技术设计首先确定最佳的 RDBMS 软件解决方案，以补充项目软件工程环境。用户界面 CSCI 通过 COTS 支持软件 CSCI 访问 RDBMS。选定的 RDBMS 将在特定的操作系统环境下运行。

项目 RDBMS 的技术设计是为了支持数据库功能需求。RDBMS 的关键技术设计要求分类如下：

a. 查询数据库。

b. 修改数据库。

c. 将新数据插入数据库。

d. 开发和/或修改现有的报告生成器。

e. 维护（备份、恢复、归档和安全控制）数据库。

f. 能够在特定的操作系统平台上运行。

g. 支持并行服务器方法。

h. 支持镜像磁盘技术。

PDR 将与客户一起审核设计。经客户批准后，将其置于配置控制之下。

6.2.3　RDBMS 评估

本节列出考虑的关系数据库管理系统和每个系统的重要特性。此外，这项研究限制了项目数据库设计方法的特点和属性，影响了当前的设计可行性和系统要求。重要的评估标准反映了基于高可用性，供应商稳定性，支持记录，现有数据库的便携性，界面友好性，访问安全性/完整性和用户编程等因素的最终选择。

（1）RDBMS 供应商。

为确定潜在的 RDBMS 供应商进行研究以支持项目 AIDBS 的要求。确定了五个 RDBMS 供应商：Oracle、Informix Online、Sybase System、Open/Ingres

和 Interbase。建立了下文描述的一组选择标准，以进一步选择一个 RDBMS。

（2）RDBMS 选择标准。

该贸易研究使用了七个选择标准。七个标准如下：

a. 高可用性（99%），即系统在 99% 的时间内可用。

Oracle 的评分稍高，因为即使 Oracle 并行服务器中只有一个节点正在运行，用户仍可以连续访问 Oracle 数据库。如果某个节点出现故障，则其他节点上的 Oracle Paralle Server 将自动恢复停机的 Oracle 实例。如果即使有一个节点可用，该节点也可以为所有其他节点恢复并保持数据库运行。Sybase 仅支持可用性概念的镜像磁盘。

b. 供应商稳定性，即供应商的财务状况良好。

Oracle 和 Sybase 在财务上都很强大，Oracle 占有 44% 的市场份额，而 Sybase 只占有 12% 的市场份额。因此，Oracle 的评级高于 Sybase。

c. 支持记录，即供应商有良好的用户支持记录。

Oracle 和 Sybase 都在快速增长。最近的一份数据库杂志指出，Oracle 在客户支持方面略胜于 Sybase。因此，这两家供应商的评价都很差。

d. 来自数据库的可移植性，即项目数据库可以利用现有的数据库。

由于某些供应商接口控制图信息已经在 Oracle 数据库表格中，所以 Oracle 的评级更高。因此，Oracle 的得分高于 Sybase。

e. 界面友好，即系统具有良好的用户界面应用项目。

与 Sybase APT Workbench 相比，Oracle FORMS/MENU 应用项目更友好。使用 Oracle FORMS 应用项目工具可以更快地开发屏幕。因此，Oracle 获得了更高的评价。

f. 访问安全性和完整性，即系统具有良好的安全保护。

Oracle RDBMS 提供了两种通用类别的安全管理；授权任何可以连接到数据库的用户的用户名和密码，并限制每个用户 ID 可以访问的数据（表和图），以便插入，更新，删除和查询。但是，Sybase 的安全方法大致相同，但与 Oracle 相比，其数据完整性处理不及时。因此，Oracle 的评级高于 Sybase。

g. 用户编程，即系统具有灵活和简单的前端编程工具。

Oracle 和 Sybase 的应用项目开发/用户编程被评为平等，因为 Oracle 拥有 SQL＊Plus，而 Sybase 拥有 APT-Build。这些自动应用项目生成器都是相同的。

（3）RDBMS 分析结果。

两个 RDBMS（Oracle 和 Sybase）已经通过了项目数据库的基准测试。基准测试结果如表 6.2 所示。Oracle RDBMS 的评分高于 Sybase（51＞35）。Informix Online 6.0 不支持分布式磁盘镜像。Open/Ingress 不支持对称多处理。项目系统/分段规范（3.2.5.3）要求 99% 的可用性，因此，Informix 和 Open/Ingres 未进行基准测试。由于市场份额（1%），Interbase 没有基准，PROGRAM-X 系统/分部规范（3.5.2）要求满足十年的生命周期支持维护和操作（见表 6-2）。

表 6-2 RDBMS 基准测试结果

评估标准	Oracle	Sybase	Informix Online	Open/ Ingres	Interbase
高可用性	9	8			
供应商稳定性	8	4			
支持记录	4	3			
可移植性	7	4			
接口友好	8	6			
访问安全/廉正	8	3			
用户项目设计	7	7			
总计	51	35			

注：1. 分数类别是从 1 到 10 的等级——1 最低，10 最高。
　　2. 总分是所有分数的总和，分数越高越好。

6.2.4　RDBMS 结论

本节总结了 RDBMS 研究 Oracle RDBMS 满足指定的项目 AIDBS 功能和技术设计要求。Oracle 的总分是最高的，因此，Oracle 将获得开发项目数据库。没有其他未完成的贸易研究可以影响这一结论。

6.3 风险管理

6.3.1 风险简介

本部分为实际项目定义进行风险管理活动的过程。该计划的目标是增加积极风险或机会的可能性，并减少负面风险。风险，问题和机会管理是一个持续的过程，以解决威胁或加强实现项目成本，进度和绩效目标的事件。

为了简化本节，术语"风险"涵盖风险、问题和机会。

风险工作要求团队不断预测和识别潜在威胁和机会，并实施计划以避免、转移、减轻和监控风险。

风险、问题和机会的定义如下：

（1）风险：可能发生的负面事件，并影响项目实现其成本、进度或绩效目标的能力。

（2）问题：已经发生的负面事件，并且影响了项目达到成本、进度或绩效目标的能力。

（3）机遇：由于强项可能发生的积极事件或效应，并增强项目实现成本、进度或绩效目标的能力。

该计划主要涉及识别、分析、减轻和监控风险的方法。在大多数情况下，机会也可以考虑。项目的人员、流程和/或技术元素可能导致风险。此外，风险可能来自内部和外部。因此，风险管理工作必须具有前瞻性和积极性，并且必须让整个项目团队和主要的内部/外部利益相关者参与，以确保项目的目标得到满足。

风险管理计划是根据文件模板和格式以及项目的要求编制的：章程文件、范围说明、成本管理计划、时间表管理计划、沟通计划、文档模板和格式。

（1）目的。

项目风险缓释和管理计划的目的是制定政策并传播与项目风险管理相关的指导和信息。

（2）目标。

持续的风险管理目标包括早期识别、持续跟踪和系统性减少项目成本，进度或绩效目标的潜在威胁或机会。

通过完成以下操作来实现这些目标：

a. 及时识别和减轻风险。

b. 尽量减少风险对实现项目目标的影响。

c. 在既定准则内管理风险。

（3）风险管理范围。

范围是提供项目团队标识、分析缓解以及与项目、进度、成本和/或技术项目方面相关的风险控制。这些工作涉及那些威胁实现项目成本，进度和绩效目标的事件（内部和外部）。所有风险管理活动都涉及对项目目标威胁的识别、分析、缓解和管理。

（4）背景。

该项目旨在开发一种主要由碳纤维增强塑料复合材料构成的先进商用飞机。近年来，公司尝试将几乎所有这些工作外包给其他美国城市的公司和国际公司。进度计划、预算、资源和质量等问题很快就会导致每个领域的极端风险。为了解决这个问题，该公司在 2010 年初恢复了原来的指导原则。该公司再次投资当地员工队伍，通过将 95% 的项目运营"保留在内部"来保护技术和业务流程的知识产权。

该项目定义了术语并调整了资源和流程，以提供正确的信息以满足项目的需求。公司的目标是提高施工期间将正确的产品交付到正确的工作站的效率，现在将实时方法与库存中的最重要需求部件相结合。

项目团队对其目前的能力进行客观分析，为客户提供最佳价值，并制定实现客户参与策略和执行的理想状态的蓝图。项目团队定义了必要的行动，以达到客户的最终战略和运营状态，以满足他们的需求和目标。战略方向旨在提供客户细分和互动策略，以根据客户的个性化需求和偏好为每个客户提供独特的服务水平。

（5）支持产品。

项目风险管理计划提供与项目团队管理方法相关的一般指导。

6.3.2　角色和责任

项目让多方参与，以提高客户满意度和项目收入。

风险管理计划的这一部分确定了管理风险的角色和责任。

（1）角色和责任。

表 6-3 列出了角色和责任。

表 6-3　角色和责任

角色	责任
风险发起人	（1）风险的发起人通常是项目团队成员、项目领导、PMO 的成员。 （2）项目管理团队还应该是梦幻客机的利益攸关者。 （3）识别可能妨碍团队成功的风险。 （4）执行风险跟踪工具的初始条目
项目管理办公室（PMO）	（1）对团队领导的风险分析和资格进行审查。 （2）酌情审核、验证和批准建议的缓解方案和关闭标准；为减缓行动提供适当的指导。 （3）分配风险所有者。风险缓解的沟通努力和时间要求。 （4）按要求担任风险所有者。 （5）在未指派的情况下支持和指导风险所有者缓解风险。 （6）审查风险缓解每周情况（业绩计量）。 （7）传播促进缓解的指导。 （8）酌情增加团队的风险。 （9）为风险项目管理支持专家提供指导如下方面： ● 一旦项目团队批准，将风险信息记录到风险管理数据库中，信息包括风险、风险描述、资格因素、确定日期、风险所有者、资源需求、时间表要求、结束标准。 ● 沟通风险状况和建立监测指南根据 PMO 的绩效措施。 ● 根据需要促进风险管理培训。 ● 记录风险管理培训
功能团队	（1）确定根本原因的初步合格风险分析，确定对实施活动的影响，按照建立的沟通时间的项目管理办公室的沟通分析。 （2）提供建议的缓解方案、关闭评论、时限和资源。 （3）按要求成为承担风险者。 （4）在未指派的情况下支持和指导风险所有者缓解风险。 （5）每周回顾风险管理数据库，了解可能影响业务准备的潜在风险。 （6）利用风险管理经验教训改进工作产品、过程和项目

（续表）

角色	责　任
风险所有者	（1）制定并记录详细的风险解决行动计划。 （2）符合既定的资源和时间的要求，任何偏差立即通知 PMO。 （3）提供最新风险管理数据库的风险状况。 （4）根据既定的沟通时间表提前风险关闭信息。 （5）向团队领导和项目管理办公室跟进，吸取教训以支持持续的产品和工艺的改进。 （6）根据需要促进风险缓解会议
项目负责人	（1）核准减轻非常严重程度的风险。 （2）支持减排实施
风险项目管理支持专家	（1）确保所有培训都记录在团队的数据库中。 （2）一旦项目团队批准，将风险信息记录到风险管理数据库中，信息包括风险、风险描述、资格因素、识别的数据、风险所有者、资源需求、时间表要求、关闭评论。 （3）（在风险管理数据库中）记录 PMO 的初级目标等级和减少风险的替代方法和资源。 （4）维护风险管理报告

（2）支持基础架构工具

项目利用许多工具来管理风险，这些工具如表 6-4 所示。

表 6-4　风险管理工具

风险管理职能	工　具
风险识别	风险数据表模板：样本包含在附录中； 电子邮件：用于团队潜在客户的风险数据表模板
风险跟踪	风险管理数据库： 管理合格风险的缓解状态； 保持风险管理活动的历史记录
风险报告	风险状况报告：PowerPoint 文档，其中包括风险管理绩效指标

（3）培训。

每个项目团队成员（不管其职位）都需要参加一个研讨会，向他们提供项目风险管理流程和项目的概述。研讨会包括一个鉴定会议。风险项目管理支持专家确保所有培训都记录在团队的数据库中。

6.3.3 风险管理过程

本节逐步介绍从识别到完成的风险管理流程。风险管理过程是一个连续的过程。它最初在项目计划期间执行，随后在新识别的风险之后执行。风险管理过程必须成为项目战略和实施的一个组成部分。管理过程涉及四个主要活动，如图 6-4 所示。

图 6-4 风险管理流程步骤

1）识别

项目的所有成员都承担识别潜在风险的责任，如 PEO 可以是风险发起者以及风险责任人。风险识别要求对项目活动，进度计划，平行项目或其他可能影响项目成本，进度和/或绩效目标的威胁源保持警惕。

在每周项目状态会议期间发生风险识别。风险发起者（见表 6-3）介绍了风险，并使用风险数据表记录了必要的细节。风险发起者最初填写风险数据表以提供项目团队足够的信息来分析相关风险。

2）分析

定性和定量过程工具用于评估和分析风险。两项主要活动确定风险的有效性和对项目目标的潜在影响：

（1）发生的可能性：发生的可能性是多少？

（2）影响严重程度：风险发生的影响有多严重？

风险发起者完成初始分析，但项目团队在每周项目团队会议上协作分析和验证风险。PMO 分配风险责任人。协作分析确定了所有功能区域的影响。这确保没有任何事情是孤立评估的，但是在项目范围内。

分析和资格认证活动优先考虑风险，并指出更高的优先风险。以下部分讨论了评估发生概率和影响严重程度以达到风险因素的结构：分析；定性/数量上；监控；计划响应；定量重复，如有必要的话；识别风险。

（1）发生的可能性。表6-5提供了确定风险发生概率的准则和发生的可能性。

表6-5　确定风险发生概率的准则和发生的可能性

概率准则	不相关	不可能	成败机会相等	很可能	几乎肯定
可能性	5% （负面结果几乎是不存在的）	15% （负面结果几乎是不可能的）	50% （负面结果是可能的）	85% （负面结果是很可能的）	95% （负面结果几乎是确定的）

（2）影响概率。如果事件发生，表6-6提供了评估和测量项目影响概率的指导原则。

表6-6　评估和测量项目影响概率的指导原则

概率	低	小	中等	显著的	高的
费用	预计费用将低于项目预算的0.05%	预计费用将在项目预算的0.05%~0.12%之间	预计费用将在项目预算的0.12%~0.25%之间	预计费用将在项目预算的0.25%~0.5%之间	预计费用将高于项目预算的0.5%
计划	很小或没有影响	错过临时检查点审查机会，对最终生产日期没有影响	临时审查检查站将无法得到满足，对评判通道活动的超过2周的小时间表	受影响的评判通道（1个月进度表）将不符合临时审查检查点和/或目标任务（增量生产交付）	不满足解决方案交付2个月的时间表到评判通道
性能	性能无下降	性能不降低到评判系统功能	不符合业务可用性目标不到2%	不符合验收标准	无法工作

（3）风险因素。风险因素包括发生概率和影响概率，为相关风险提供单一因素。

表 6-7 指明总体风险因素是高、中或低。

表 6-7 发生和影响概率

概率		远	不可能	机会均衡	很可能	几乎确定
影响	高	5	6	7	8	9（高）
	显著	4	5	6	7	8
	中等	3	4	5（中等）	6	7
	小	2	3	4	5	6
	低	1（低）	2	3	4	5

一旦分析了发生的可能性和影响并分配了风险资格因素，就确定了适当的缓解策略。

3）计划响应

一旦分析完成，规划风险应对措施可以让团队考虑减少项目目标威胁和增加机会的方案。风险责任人被分配给每个风险响应。团队必须记住，回应必须适合风险的重要性和项目的成本效益。

在每周的项目团队会议期间，讨论缓解策略和状态以解决风险。

处理和解决风险有多种方法（见表 6-8）。

表 6-8 风险和机遇战略

技术		描 述
风险	避免	这种技术改变了项目管理计划，以消除威胁。避免威胁的最简单的方法是在一开始就"计划"出来，写出良好的要求，只把技术娴熟的成员放在团队中等
	转移	风险转移是指风险转移到另一个组织。风险转移通常是通过雇用分包商承担特定风险、保证、保险形式，或要求客户使用合同协议承担一些风险来处理的
	减轻	这种技术降低了风险的预期值，由减少风险可能性或影响的行动组成。缓解行动可以发生在项目生命周期的所有点，通常是最常见的响应。他们通常确定一个行动或产品成为工作计划的一部分，并作为项目的定期性能分析和进度报告的一部分进行监视和报告

技术		描　述
	接受	如果接受风险的决定因素是一个特定的风险背景的解决方案包括客户的忍受度所造成的影响，组织的吸收能力或处理的影响，以及风险组织的验收。有效的风险管理要求项目经理通过管理来接受风险水平
机遇	使用	这一战略旨在消除机会的不确定性，确保机会得以实现。例如，如果需要赶工，则团队将指派最有经验的成员完成特定任务
	分享	在某些情况下，最好将一部分机会所有权分配给第三方。可能需要雇佣外来专家来完成部分项目或者找到一个合伙者（如合资企业），以这种最有效的方式完成时间表上的任务
	增强	这种技术可以提高正面影响的机会。例如，释放的资金吸引人才的项目，确保按时完成高质量的产品
	接受	这是一个"无所作为"的反应。如果项目本身有效，则它会接受这个机会，但团队成员不会积极地去追求

　　PMO 确定主要目标严重性级别以及减轻风险所需的替代方法和资源。这些决定记录在原始问题识别表上，并由风险项目管理支持专家记录在风险管理数据库中。该确定基于表 6-8 中提出的解决方案指南，并与表 6-9 中描述的风险限定因素直接相关。

表 6-9　风险解决措施

风险水平	解决措施
高	（1）识别文件风险缓解方法、资源和解决时间表要求。 （2）分配风险承担者。 （3）严格跟踪监控。 （4）提高上级领导层解决问题的风险
中	（1）确定和记录风险缓解方法。 （2）分配风险承担者。 （3）征求关于资源和解决时限的输入。 （4）跟踪和监控
低	（1）接受风险并重新分析在临时检查点的评论。 （2）在方法和资源最少时分配承担工作的人

　　由项目管理办公室指定的风险负责人负责制订每项风险的详细风险缓解计

划，其中定义了如下内容：

（1）减缓的主要和替代方法。

（2）实施方法所需的离散操作。

（3）完成缓解行动所需的详细资源要求。

（4）通过缓解措施的离散时间要求。

（5）改变风险状态必须满足的详细条件。

风险缓解活动和计划也遵循如下指导原则：

（1）减轻风险的方法和行动清晰明确。

（2）建立现实的到期日期以减轻风险。

（3）方法解决根本原因。

（4）方法定义风险正式缓解的条件。

（5）方法为未来持续的产品和流程改进建立审计线索。

酌情将咨询委员会或 PEO 的风险提升为指导和解决方案。

4）监视/控制

该项目采用有条理和可重复的项目来监测和管理风险缓解功能。完成这项任务的主要手段包括明确的项目沟通、报告、性能测量、持续的流程改进、审计。

（1）沟通。表 6-10 确定了内部风险管理的沟通过程。

表 6-10　风险管理沟通过程

人员	责任	频率	接收方	所需的行动
风险的发起人	识别潜在的风险	如定义	团队成员	协助团队成员更新风险数据表（见附录）
团队成员	确定潜在风险和影响团队领导的初步资格因素	如定义	团队领导	分析和验证风险和资格因素
团队领导	远期风险与资格因素提供风险缓解方法和解决方案概算的建议	高的在 2 个工作日内，中等的在 4 个工作日内，低的在 7 个工作日内	风险承担者	审查项目经理的风险缓解方法、指导和估计 制定风险行动计划

（续表）

人员	责任	频率	接收方	所需的行动
PMO	传播关于缓解方法和资源/时间要求的指导	每周状态会议后1个工作日内	风险承担者	审查项目经理的风险缓解方法、指导和估计
	分配风险的主人			制定风险行动计划
	在 PMO 的方向，团队风险管理将风险状况和绩效措施总结	每周状态会议后1个工作日内	项目管理者	在每周项目状态会议回顾

发起者责任频率接收者需要采取行动。

（2）报告。项目团队在整个开发过程中都会维护风险管理报告，以支持状态监控。本报告捕捉了主要目标任务完成期间和 PMO 要求的重要信息。风险管理报告捕获图 6-5 中确定的信息。风险项目管理支持专家维护风险管理报告。

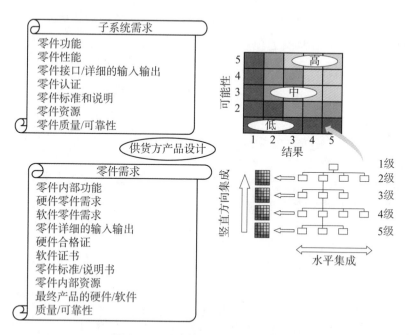

图 6-5　风险管理报告不同的层次

表 6 - 11 为风险管理报告的一个例子。

表 6 - 11　风险管理报告一个例子

层级	具体描述		
风险状态	R/I/O 编号		
	R/I/O 名字		
	R/I/O 等级	最初	
		当前	
		目标	
减轻状态	识别的	目标关闭	实际关闭

注：风险——risk（R）；问题——issue（I）；机遇——opportunity（O）。

（3）性能测量。

项目团队负责管理和监测大量离散的绩效衡量标准，以便项目管理人员了解团队有效降低风险的能力。

每个职能小组负责在每周状态会议期间向项目经理管理和报告风险管理措施/指标。指标确定需要额外指导和/或支持的领域。风险项目支持专家负责汇总和开发从风险管理数据库中获取的全面风险状况报告。

风险项目支持专家编制的指标如下：

a. 实施缓解和变更风险的平均天数（高/中/低）。

b. 与目标截止日期的偏差。

c. 过期到期的缓解计划。

d. 功能团队的风险数量。

如果有理由，项目团队可能会采用其他指标来协助进行风险管理。

（4）持续的流程改进。项目团队在迭代和持续的基础上评估风险管理过程，以分析和利用项目整个生命周期中学到的经验教训。评估从退役风险和持续风险中收集的知识，以确定是否需要改进现有流程。此外，考虑到测试计划的制定和实施会带来风险。PMO确保测试团队有适用的风险和相关的缓解计划，以确保他们在测试过程中得到充分解决。

（5）审计。为了监控团队成员是否遵循本文档中列出的项目，至少每年进行一次审计。该审核遵循项目质量保证计划和项目中概述的项目。

样本风险数据表如表6-12所示，表中各项定义如表6-13所示。

表6-12　样本风险数据表

样本风险数据表			
A节：风险识别			
风险编号（1）　　　　开始日期（2）　　　　发起人（3）			
风险标题（4）　　　　　　风险类别（5）			
风险描述（6）			
风险影响描述（7）　成本影响（8）		进度影响（9）	性能影响（10）
被影响的团队（11）　　　被影响的团队领导（12）　　　另外的被影响的团队（13）			
风险所有者（14）　　结束日期（15）　　结束批准者（16）			
结束标准（17）			
结束笔记（18）			
B节：风险分析			
初步分析		领导团队分析	
概率（19）		概率（19）	

类别	影响	等级（高~低）	类别	影响	等级（高~低）
成本	20	21	成本	20	21
进度	20	21	进度	20	21
性能	20	21	性能	20	21
整体风险水平（高、中、低）		22	整体风险水平（高、中、低）		22

被分析的日期（23）	被分析的日期（23）
减轻后的概率（24）	
减轻/解决的建议（25）	

C 节：风险减轻

行动编号	行动所有者	目标风险水平（26）		最后的状态（32）
		方法	行动	
27	28	29	30	下一个状态（33）
				改进的成本（34）
			状态（31）	目标结束（35）
				实际结束（36）

表 6-13 风险数据各项定义

样本风险数据表

节数	条目	单元名称	定义
A 节： 风险识别	1	风险编号	风险的唯一标识符
	2	开始日期	首次确定风险的日期
	3	发起人	识别风险人的姓名
	4	风险标题	描述风险的一行短语
	5	风险类别	从中选择：成本、进度、业务绩效、变更管理、范围
	6	风险描述	充分描述风险并识别潜在根源的文本
	7	风险影响描述	充分描述风险发生时不良后果的文本。对于技术风险，在性能方面的定量影响应该被确定在这里
	8	成本影响	如果在实施前发生风险，那么估计潜在的成本影响
	9	进度影响	如果在实施前发生风险，那么估计潜在成本对进度的影响
	10	性能影响	如果在实施前发生风险，那么估计潜在成本对性能的影响
	11	被影响的团队	受风险影响最大的团队，通常由发起人识别
	12	被影响的团队领导	风险影响最大的团队领导名称（姓名）
	13	另外的被影响的团队	团队受到风险的影响
	14	风险所有者	分析负责确保风险的人的姓名，可以由发起人或风险管理人识别
	15	结束日期	关闭风险的日期。通常由项目经理批准，除非正式委派。表示减轻行动的完成和关闭标准的实现

（续表）

节数	条目	单元名称	定义
	16	结束批准者	项目经理的批准（姓名）
	17	结束标准	正式关闭风险的标准。威胁不再对项目目标产生不利影响的条件
	18	结束笔记	对减轻风险所采取的缓解行动和合理的说明
B节：风险分析	19	概率	风险会发生。被列为一个定性的测量，如遥远的、不可能的，甚至是偶然的、非常有可能的、几乎确定的。适用于初步和团队领导分析
	20	影响	预计对项目的成本、进度和性能方面的影响。列为定性测量，如低的、次要的、中等的、显著的、高。适用于初步和团队领导分析
	21	等级	每个成本、进度风险管理评级和性能方面，表现为数值（1~9）和定性测量（低、中、高）
	22	整体风险水平	整体风险分析是最高的分类评级，表现为数值（1~9）和定性测量（低、中、高）
	23	被分析的日期	日期风险分析和确认活动由发起人和团队领导完成（日月年）
	24	减轻后的概率	预计风险发生后缓解或减轻后的概率，如不相关的、不可能的、可能的、极有可能发生的、几乎一定的
	25	减轻/解决的建议	减轻风险的建议，由发起人和团队领导完成；也包含建议的缓解时间和资源估计
C节：风险减轻	26	目标风险水平	定风险控制计划所需的风险水平（目标）。默认值为低，如果项目经理没有指定
	27	行动编号	分配给行动项目的唯一编号：从A001开始
	28	行动所有者	负责完成行动的人
	29	方法	表示减轻行动是避免（avoidance，A）、控制（control，C）、转移（transfer，T）、监控（monitoring，M）或接受（acceptance，P）
	30	行动	计划任务/活动，用来控制风险行动的步骤必须明确理解和用确定未来的活动来降低风险。离散动作步骤应定义为具有所有者、目标和实际结束日期、状态日期等的数据库中的单独操作，这使得在状态字段中输入离散动作步骤。定义必须在应急行动实施存在条件（触发点）
	31	状态	对行动项目的当前状态的描述
	32	最后的状态	行动最后审查/标记的日期
	33	下一个状态	行动将标记的日期
	34	改进的成本	以美元为单位执行此项行动的成本

节数	条目	单元名称	定义
	35	目标结束	预计结束行动的日期。如果无法完成目标结束日期，则应记录一个新的目标结束日期，并保留原始目标结束日期
	36	实际结束	结束行动的日期

6.4 供应商管理

6.4.1 供应商管理简介

系统工程是管理供应商的关键参与者。对于成功的供应商绩效来说，明确和准确的要求是必要的，正如这些供应商指导自己的供应商的能力一样。

主要供应商将参与分析，分配和流向的全部需求过程。这将包括采购规范、工作说明、供应商数据需求清单（SDRL）以及任何适用规范中的要求。系统工程管理规划（SEMP）描述了这些系统工程流程，而供应商管理规划描述了供应商管理与波音组织，如工程（包括系统工程）、计划管理、质量工程以及供应商。SEMP 还定义了维护供应商联系点及其波音公司对应方记录的方法，以及维护波音公司与供应商之间沟通的方法。这些手段可能包括正式和非正式的沟通，正式的审查和配置审计，技术交流会议（TIM），定期电话会议和备忘录。然而，波音公司和供应商之间的所有正式方向都必须通过供应商管理组织。SEMP 也参考了风险管理，尤其是供应商参与识别，分析和减轻适用于其工作和产品的风险的程度。质量、材料、流程和标准以及供应商管理和采购代表都包含在产品团队中，以提供方案指导并正式接收供应商提供的信息。

系统工程团队帮助确定功能、性能和界面要求，专业工程部门负责定义采购规格和 SOW 任务的选定部分。系统工程团队负责要求分配产品设计完整性，以达到成本和可承受性目标。系统工程团队还有责任与每个产品团队合作，以确保主要合同需求在包邮中流通，并且每个特定采购活动都符合要求。系统和专业工程支持供应商选择过程，为供应商提案中的各部分定义评估标准，帮助评分这些标准并回应供应商提出的问题。他们还对供应商文档和产品进行技术评估，参与供应商里程碑评审，评估供应商资格和其他报告。

在与软件供应商签订合同之前，波音供应商管理公司将进行能力调查，以确定供应商具有能够生产硬件的流程和/或满足必要要求的软件，并且还将执行进程内合规性审计，以确保计划的活动按要求发生。

产品团队负责实施供应商的管理控制策略。具体的控制方法可能因供应商而异，但总体控制计划侧重于五个关键领域：技术性能、质量、成本、进度和风险/问题/机会管理。所有五个因素都会影响一个地区的不足可能表明另一个地区可能存在更严重的问题。设计并验证供应商材料可能需要几年的时间，然后才能进行生产，飞机安装和备件供应。因此，系统工程团队参与减少制造资源和材料短缺（DMSMS）及相关陈旧问题的评估，以确保客户持续获得所需功能。当客户要求时，系统工程团队是生产准备审核的关键参与者。系统工程还有助于评估供应商产品的任何变化，这些变化在最初合格的配置和为生产飞机安装而购买的配置之间视为需要。

图 6-6 显示供应商管理初始阶段的情况。

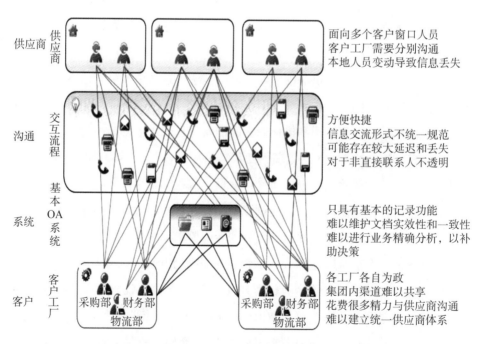

图 6-6　供应商管理初始阶段

图 6‑7 显示供应商管理成熟阶段的情况。

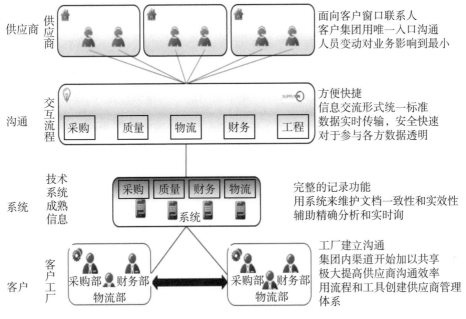

供应商　供应商　　　　　　　　　　　　面向客户窗口联系人
　　　　　　　　　　　　　　　　　　　客户集团用唯一入口沟通
　　　　　　　　　　　　　　　　　　　人员变动对业务影响到最小

沟通　交互流程　采购　质量　物流　财务　工程　　方便快捷
　　　　　　　　　　　　　　　　　　　信息交流形式统一标准
　　　　　　　　　　　　　　　　　　　数据实时传输，安全快速
　　　　　　　　　　　　　　　　　　　对于参与各方数据透明

系统　技术系统成熟信息　采购　质量　财务　物流　　完整的记录功能
　　　　　　　　　　　　　　　系统　　　　　　　　用系统来维护文档一致性和实效性
　　　　　　　　　　　　　　　　　　　辅助精确分析和实时询

客户　客户工厂　采购部　财务部　　　采购部　财务部　　工厂建立沟通
　　　　　　　　物流部　　　　　　　物流部　　　　　集团内渠道开始加以共享
　　　　　　　　　　　　　　　　　　　　　　　　　极大提高供应商沟通效率
　　　　　　　　　　　　　　　　　　　　　　　　　用流程和工具创建供应商管理体系

图 6‑7　供应商管理的成熟阶段

6.4.2　波音公司的供应商绩效评估体系

波音公司的供应商评级是基于 12 个月的滚动平均值，并具有三个可见度：站点级别（产品交付的位置）、业务组级别和公司级别（供应商的综合评级）。供应商的评估分为三个方面：交付、一般绩效评估（GPA）和质量。

交付是指供应商在 12 个月内按时交付给波音的零件的百分比。它根据每个采购订单项目的预定到期日衡量业绩。交货还包括基于消耗的采购订单的绩效，每天根据与部件编号机会总数相关的已建立库存范围（最大值和最小值）以外的零件编号数量进行测量。

GPA 根据四种不同的商业模式对供应商的业务管理绩效进行全面评估：生产（如原材料和零部件供应商）、开发（研究、概念和技术开发供应商）、支持服务（备件供应商，修改，改造，培训和产品支持）和共享服务（信息技术采购、员工金融服务和现场服务供应商）。波音公司供应商管理、供应商质量、工程和财务方面的专家在管理、进度安排、技术问题、成本和质量等方面评估和评估供应商绩效。GPA 评估包括每个类别独特的关键绩效指标（KPI）和商业模式评估。GPA 主要针对主要供应商进行，这些供应商是根据谁处于波音公司供应基础花费的前 50% 或具体项目需求的业务需求而确定的。

质量等级是根据所提供的供应商产品和服务的类型，采用以下一种或多种方法确定的：传统的、基于价值的、基于索引的。传统方法基于 12 个月期间供应商接受的零件的百分比（从接收到的数量中扣除的拒收数量除以接收到的数量）。基于价值的方法考虑从 12 个月期间收到的产品价格中减去产品不合格的成本。这种方法适用于复杂零件，组件和套件，电子产品和主要结构的供应商，传统方法没有意义。不合格成本包括缺陷检测和解决纠正措施所产生的成本。基于指数的方法依赖于波音公司和供应商选择的质量 KPI 的记分卡标准。这用于服务提供商、系统集成商、修改和维护项目，以及正在开发的项目或原型，而传统和有价值的方法没有意义。质量报告的一个例子在下面的图 6-8 中描述：

复合评级						供应商整体绩效评级–银级			
质量–银级			交付–银级			综合绩效评估			
已收到数量	拒收数量	验收率	计划数量	按时交货数量	按时交货率	开发阶段	生产	支持服务	共享服务
38.995	52	99.86	28.539	28.518	99.92	N/A	N/A	N/A	N/A

零件号	拒收数量	不合格文件	不合格信息	采购订单/行项目	收货编号	已收到数量	状态
			BCA-西雅图，华盛顿州				
332A2326-45	1	N1810020744	04-1月-2008			0	
332A2313-1	1	N1810020824	04-1月-2008			0	
472W2112-40	1	N1750014382	25-1月				
354A3000-10	1	N1440067790	09-2月				
47272112-40	2	N1750015189	01-3月				
219A1691-2	1	N1430059586	24-4月				
219A16911-1	2	N1436040522	06-5月				
472W2111-72	1	N1750012275	10-6月				
417A8817-103	3	N1440077056	24-6月				
472W2113-73	1	N1770015605	06-7月				
1491C5505-1	1	UJ7792	23-8月				

BEST E-SCAN 链接纠正措施概况

C/A 概况	不合格文件	波音请求C/A	供应商C/A响应	返回搜索结果

以下是针对不合格文件 #N1430059586 的 E-SCAN 纠正措施概况：
供应商名称：XYZ 有限公司
供应商代码：123456

纠正措施信息

Q/A 序列号：A002081-20-06-0034	请求日期：01/06/2008	批准状态：
C/A 类型：NN		
由：马里奥·伊根	响应接收：	验证地点：
C/A 状态：等待验证	响应批准：	验证完成：

不合格信息

不合格报告编号：KPI234651890	零件编号：12345678-90	位置：普莱森顿
不合格报告类型：需要描述	零件描述：管道	项目：737
记录日期：2008年04月01日	零件序列号：N/A	拒收
关闭日期：2008年04月01日	不合格数量：1	单位：--
不合格状态：已关闭	不合格成本：0.0	原因类别：811

调查：项目 1
额外要求：-
交易记录和备注：-
2008年04月01日

BEST—波音企业供应商工具；E-Scan—电子供应商纠正措施通知；C/A—纠正措施。

图 6-8　质量报告示例

供应商被分类为表 6 - 14 中总结的五种等级编码阈值标准。

表 6 - 14 波音公司的供应商评级分类

等级	评 级 分 类
灰锡	供应商表现不理想，显然未能达到预期。在 12 个月的时间内，交货量低于 90%，质量低于 98%。GPA 小于 1
黑铁	供应商表现需要改进才能达到预期。在 12 个月内，交付和质量表现分别达到 90% 和 98%。GPA 小于 2.8，但大于或等于 1
青铜	满意的供应商表现，符合预期。12 个月的交付表现为 96%，质量表现为 99.55%。GPA 小于 3.8 但大于或等于 2.8，无黑铁或灰锡等级
白银	非常好的供应商表现，达到或超过预期。12 个月的交付表现为 98%，质量表现为 99.8%。GPA 小于 4.8 但大于或等于 3.8，无黑铁或灰锡等级
黄金	卓越的供应商表现，明显超出预期。交货期和质量表现在 12 个月内为 100%。GPA 大于 4.8，没有黑铁或灰锡评级

图 6 - 9 和图 6 - 10 提供了两个绩效计算器的示例场景。

复合评级						供应商整体绩效评级 – 铁级			
质量 – 铜级			交付 – 铜级			综合绩效评估 – 铁级			
接收数量	拒收数量	验收百分比	计划数量	准时交付数量	准时交付率	开发	生产	支持服务	共享服务
12 948	44	99.66	11 447	11 114	97.09	1 - 铁级	1 - 铁级	3 - 铜级	N/A

综合/评估阈值

金级：平均分 ≥ 4.8，且没有铁级或锡级评分

银级：3.8 ≤ 平均分 < 4.8，且没有铁级或锡级评分

铜级：2.8 ≤ 平均分 < 3.8，且没有锡级评分

铁级：平均分 < 2.8

锡级：平均分 < 1

图 6 - 9 绩效计算器的示例 1

复合评级						供应商整体绩效评级 – 铜级			
质量 – 金级			交付 – 银级			综合绩效评估 – 铁级			
接收数量	拒收数量	验收百分比	计划数量	准时交付数量	准时交付率	开发	生产	支持服务	共享服务
1 040	0	100	2 100	2 095	99.76	3.9 - 银级	2.4 - 铁级	3 - 铜级	N/A

综合/评估阈值

金级：平均分 ≥ 4.8，且没有铁级或锡级评分
银级：3.8 ≤ 平均分 < 4.8，且没有铁级或锡级评分
铜级：2.8 ≤ 平均分 < 3.8，且没有锡级评分
黄色：平均分 < 2.8
红色：平均分 < 1

图 6 - 10　绩效计算器的示例 2

6.5　构型管理

构型管理被定义为在产品生命周期中应用的系统工程技术和管理学科。构型管理的五个原则（见表 6 - 15）：构型管理计划和执行、构型识别、构型更改和差异控制、构型纪实和构型验证。

表 6 - 15　构型管理的五个原则

原则	具 体 内 容
计划和执行	要求，计划，流程文档，角色、职责和资源，工具，培训，评估和审计，流向供应商，数据存储、检索和解释
构型标识	产品结构、产品标识、基线、文档和数据集标准、产品定义发布序列化、文档修订、硬件和软件变更（部件号控制）、产品标记软件构型管理库、可检索的数据
构型变更和差异控制	变更和差异识别、分类、理由、描述、协调与评估、授权
构型纪实	规划、记录、报告
构型验证	功能验证、物理验证、差异解决方案、监控构型管理流程

6.5.1　构型管理计划和执行

广泛的构型管理计划和管理是有效实施构型管理的关键。特别是从项目到项目的差异，构型管理的责任可以通过灵活和成熟的管理方法来实现。

6.5.2　构型标识

记录的构型管理过程和公开交流促进了构型识别活动，为所有其他 CM 功能活动提供了基础。

6.5.3　构型变更和差异控制

变更和差异控制的原因是要确保产品和活动作为系统和产品从开始到结束时的完整性，并且基于两个主要概念：预期变化，计划和产品随时间推移而提高。

6.5.4　构型纪实

构型纪实是捕获、记录、维护和报告构型管理数据的一种方式。这个功能的目标是回答四个主要问题如下：

（1）建议的更改是什么？

（2）什么是批准的更改？

（3）已经做了哪些改变？

（4）什么单位适用于什么时候？

6.5.5　构型验证

构型验证有两种基本类型：物理和功能。物理验证用于衡量产品是否符合其定义的文档。功能验证确定产品是否满足所有已定义的功能要求。两者都可以通过增量检查或测试来完成，也可以根据项目或客户要求进行审计。

构型管理是应用技术和管理指导和监督以识别记录产品最终项目（如构型项、CSCI）的功能和物理特性以及控制对这些特性的改变的规程；记录和报告变更处理和实施状态，并验证是否符合指定的要求。从产品的角度来看，构型管理是一个管理流程，用于在产品的整个生命周期内，根据其要求，设计和操作信息建立和维护产品性能，功能和物理属性的一致性。构型管理提供防御资产的正确当前配置的知识以及这些资产与相关文档的关系。构型管理流程有效地管理必要的变更，确保解决所有对运营和支持的影响。这一过程的好处应该是显而易见的，但往往被忽视。

构型管理是一个集成的、文件化的管理控制系统，涉及从概念阶段、生产到后期制作产品支持的项目或系统的整个生命周期中应用的决策、行动和审批。它旨在支持和帮助计划或系统更快、更高效地交付产品，并有助于及时将需求转换为按需执行并可按计划生产、运行和支持的产品。一般来说，构型管理是通过对其进行技术和行政指导和监督来完成的。

（1）计划和管理产品。

（2）识别并记录产品的功能和物理特性。

（3）控制变更和相关文件。

（4）提供状态纪实（捕获、维护和记录变更处理和实施状态）。

（5）验证产品是否符合文件化要求。

6.5.6　目的

（1）变更管理过程的目的和好处如下：

a. 使决策变更基于完全变更所受的影响。

b. 限制必要变更或提供重大利益。

c. 促进评估节约成本和权衡。

d. 确保顾客的利益得到考虑。

e. 提供变更信息的有序沟通。

f. 保留产品界面的构型控制。

g. 维护和控制当前的构型基线。

h. 保持产品和文档之间的一致性。

i. 记录和限制差异。

j. 改变产品后继续保持产品的可支持性。

（2）将构型管理应用于项目/产品的重要性如下：

a. 应该生产，正在生产并已经生产的产品。

b. 针对产品确定的变更和问题报告，批准/拒绝并实施到产品中。

c. 产品所有更改的状态。

（3）构型管理的好处如下：

a. 减少停机时间并提高效率。

b. SW 产品的版本和构建控制。

c. 基线和分配控制。

d. 更改跟踪。

e. 增加数据安全性。

f. 数据保留和数据完整性。

g. 促进遵守法律义务。

h. 有助于财务和支出计划。

i. 允许组织进行风险/影响分析并安全有效地安排变更。

j. 验证产品是否达到要求的功能。

k. 验证产品技术说明是否符合要求。

l. 确保所有构建和部署都是准确和可重复的。

m. 灾难恢复能力。

构型变更管理被定义为系统评估、协调、批准和/或拒绝对已建立基线的所有变更。构型管理的元素包括评估、协调、处置和实施对产品（如 CI、CSCI）的变更，在其构型标识文档正式建立后（也称为基线）。构型变更管理/配置控制：

（1）系统化流程，确保对已发布构型文档的更改进行正确识别、记录，对影响进行评估，由适当级别的权限批准、并入和验证。

（2）构型管理活动涉及系统提议、理由、评估、协调和处理拟议变更产品的适用构型、相关产品信息、支持和连接产品及其相关产品信息。

6.6 小结

采用这种方法的产品团队对客户的需求变得更加敏感。传统的产品开发缺乏受影响的功能性学科的前期参与。设计和项目活动的功能性方法往往导致项目后期阶段的界面不连贯和摇摆不定。由于这种效率低下的做法，工作人员在收到工作任务后不得不解决冲突，这种情况导致质量下降，总体成本增加，而且与时间表相比表现不佳。

基于团队的方法需要从传统业务转变为典范。基于团队的方法的成功实施需要政策定义，资源，培训和团队组建。产品团队负责人必须授权员工参与决策并组建自我管理的工作团队，负责管理职责，如时间安排、培训、招聘和纪律。

成功实施基于团队的方法的一个成果是提高了其他队友在功能上和他们的需求方面的意识。消除职能区隔化增加了企业范围内基于团队的方法理念。

基于团队的方法在市场份额，市场领导力和利润方面创造了机会。基于团队的方法强调产品不会成为商品。从团队的角度来看，这种综合方法预先处理了所有正确的问题，并协调了所有可能的行动，使它们在平行时间内发生。

基于团队（P3）的方法是设计产品及其相关流程的简化，集成和并行方法。这种方法的独特优势在于上市速度。

构型管理是应用技术和行政指导和监督以识别记录产品最终产品的功能和物理特性，控制这些特性变化的规程；记录和报告变更处理和实施状态，并验证是否符合指定的要求。

从产品的角度来看，构型管理是一个管理流程，用于在产品的整个生命周期内，根据其要求、设计和操作信息建立和维护产品性能，功能和物理属性的一致性。

构型管理是一个集成的，文件化的管理控制系统，涉及从概念阶段，生产到后期制作产品支持的项目或系统的整个生命周期中应用的决策、行动和审批。

它旨在支持和帮助计划或系统更快，更高效地交付产品，并有助于及时将需求转换为按需执行并可按计划生产、运行和支持的产品。

一般来说，构型管理是通过应用技术和行政指导和监督来规划和管理产品，识别和记录产品的功能和物理特性，控制变化和相关文件，提供状态记录，并验证产品是否符合文件化要求。

系统工程是管理供应商的关键参与者。对于成功的供应商绩效来说，明确和准确的要求是必要的，正如这些供应商指导自己的供应商的能力一样。主要供应商将参与分析，分配和流向的全部需求过程。

SEMP描述了这些系统工程流程，而供应商管理计划描述了供应商管理如何与波音组织和供应商互动。OEM与供应商之间的所有正式方向都必须通过供应商管理组织。SEMP也参考了风险管理，尤其是供应商参与识别，分析和减轻适用于其工作和产品的风险的程度。质量、材料、流程和标准以及供应商管理和采购代表都包含在产品团队中，以提供方案指导并正式接收供应商提供的信息。

在向软件供应商签发合同之前，OEM供应商管理部门将进行能力调查，以确定供应商具有能够生产符合必要要求的硬件和/或软件的流程，并且还将执行流程中符合性审核确保计划的活动按要求进行。

产品团队负责实施供应商的管理控制策略。具体的控制方法可能因供应商而异，但总体控制计划侧重于五个关键领域：技术性能、质量、成本、进度和风险/问题/机会管理。

思考题

6-1 P3方法在产品开发中有哪些独特优势？请详细说明这些优势如何具体体现在团队协作、上市速度和客户满意度上。

6-2 在选择商业现货（COTS）关系数据库管理系统（RDBMS）的过程中，权衡研究起到了什么作用？请详细说明权衡研究的目的、背景，以及所选RDBMS应具备的数据合并能力和维护能力。

6-3 在项目管理中，风险管理活动的目的是什么？请详细说明风险管理计划的主要内容，包括风险、问题和机会的定义，以及风险管理过程的各个步骤。

6-4 构型管理（CM）在产品生命周期中的作用是什么？请详细解释构型管理的五个基本原则，并简述每个原则的具体内容。

7 重要的系统工程基础

7.1 空气动力学

空气动力学一般不被视为飞机系统的一部分，但它是系统工程中的关键设计学科。飞机的设计和建造是为了使飞机的拥有者盈利。设计的所有方面都直接或间接地为了这个主要目标。最直接的参数是有效载荷、航程飞行、燃料消耗和飞行时间。这些参数定义了利润等式的大部分。用于分析和优化这些参数设计的工具可以在空气动力学专业领域——飞机性能中找到。系统工程师需要了解设计决策对正在设计的飞机的经济可行性的影响。

关于经济问题的知识对于进行设计贸易研究至关重要。如果只考虑根据专业领域计算出的可见成本就可能做出错误的决定。本章所涉及的空气动力学专业包括设计、稳定性和控制，以及性能。其中包含如下部分：

（1）定义飞机的外部形状（放样表面）。

（2）确定稳定和控制表面的大小，形状和位置。

（3）设计高升力系统的几何形状。

（4）确定空气动力学特性。

（5）设计大气数据传感系统。

（6）计算性能。

（7）担保准备。

气动设计定义了飞机大部分的外部形状（倾斜表面）。理论上，飞机的蒙皮完全符合这种形状。在实践中，飞机的某个部分始终存在偏离形状的原因。当系统或结构设计团队认为有这种偏差时，他们应该联系航空设计公司，进行权衡研究，并做出最适合公司的决定。设计团队可能偏离航空设计意图来解决问题，但可能不会告知航空设计公司，并从该特定学科的角度提出一个可能很好的解决方案，但这样的做法对飞机设计不利。因此，设计师必须将他们的工作视为跨学科的工作。这同样适用于系统、结构和航空设计人员。

装配是一个术语，意思是在组装过程中定位飞机表面的部件互相关联。航空设计与机械工程团队合作建立装配公差。每架飞机的正确吊装非常重要，因为不正确的吊装可能会导致燃油消耗大幅增加，这往往会使客户感到不快。一个外侧副翼误操作半英寸①（0.5英寸），每架飞机每年可能花费高达 25 000 加仑②燃料或 15 000 美元。

生产飞行项目手册（PFPM）是飞机公司认为应在每架飞机上执行的测试的集合，以确保其符合设计意图。航空设计应该对需要完成的一组测试有所帮助，这些测试条件都需要完成，同时应该获得定量或定性的结果。当飞机未通过 PFPM 测试时，会生成飞行工作订单（FWO）并且必须解决。如果决定更改 PFPM 测试而不是飞机，则会生成飞机操作报告（AOR）。

选择水平和垂直尾翼的尺寸，形状和位置以满足飞机的稳定性要求。升降舵，副翼和扰流板以及方向舵分别用于控制俯仰、横滚和偏航轴。俯仰平衡是通过水平稳定器的运动来提供的（在大多数但不是所有的喷气式飞机上）。稳定性和控制估计移动这些表面所需的铰链力矩，并将这些数据提供给执行器尺寸和设计结构的组。使用飞机控制考虑因素来估计所需的偏差和速率，这些偏差和速率也涉及执行器尺寸和结构设计。飞行品质也是稳定与控制的领域，通常指那些描述飞机对飞行员命令和干扰的反应的特性。稳定性和控制也适用于推进组，以量化发电厂对飞机飞行特性的影响，从稳定性和控制组还与推进组合作，对动力装置对飞机飞行特性的影响进行量化，从力和力矩的直接影响，到由发动机吸入空气然后排出废气所产生的间接影响。

在发动机推力矢量的横向布置中涉及稳定性和控制，以确保适当的飞行品质。认证性能组最大的主题领域是起飞长度数据。虽然空气动力和动力装置数据是起飞场长度的关键因素，但还有许多其他因素可用于拒绝起飞和着陆，如

---

① 英寸为长度单位，1英寸 = 2.54 厘米。

② 加仑为体积单位，10 加仑 = 4.546×10^{-3} 米^3。

制动器的减速、制动器的能量吸收能力、轮胎摩擦、车轮速度限制等。起飞性能数据对巡航性能的影响几乎与盈利能力相同。给定字段中的限制起飞权重决定了可以承载的最大有效载荷。着陆场的长度通常比起飞更简单和有更少的限制，但仍然是一个问题。

认证性能组还计算飞机起飞后的爬升能力以及中止进场或着陆情况。美国联邦航空管理局（FAA）对最低能力的要求通常会导致最大允许的质量。在有些情况下，爬升能力比起飞更受限制，如机场附近有障碍物、地形或建筑结构。漂移指两个发动机在巡航高度时不起作用时的高度损失。当飞机下降的高度小于当地地形高度时，这变得很重要。它必须记录在飞机飞行手册中。

由于性能是针对飞行员（或自动驾驶仪）要求改变构型（起落架上升或下降、襟翼/板条伸展或收缩）的情况进行计算的，所以了解改变需要多长时间是很重要的——驱动和整个系统响应时间。

另一个演出组称为"操作"，它处理的数据不需要由 FAA 批准。运营绩效对航空公司运营商来说是非常有意义的，因为它最直接地转化为费用和收入。关键数据与可运载的有效载荷的数量，可运载的距离，所需的时间和燃料的燃烧有关。这些数据出现在不少出版物中：

（1）绩效报告，主要用于销售飞机。

（2）主要是飞行计划和巡航控制手册，用于计划和派遣航班。

（3）性能手册，详细的参考书数据。

（4）机组人员操作手册，用于培训机组人员。

这些数据被用来定义从一个点到另一个点的任务（也称为"航班"），如洛杉矶国际机场到浦东国际机场。任务包括起飞、爬升、巡航、下降和着陆。这些航班的每个阶段都有性能数据。

为了实现飞行计划，必须包括其他几个阶段：飞行备降和等待、应急、发动机启动，滑出，滑进。这些数据对飞行计划和调度至关重要，因为 FAA 的飞行规则要求飞行员知道他预定的飞行所需的燃料，并且机上的燃料是足够的。虽然确定一架波音 737 有无运载足够的燃料从洛杉矶飞往上海并不需要太多算术运算，但大多数航班都需要计算所需燃料。

这种运行性能数据对运营商具有重要的经济意义，因为距离、所需时间、所载有效载荷和燃料燃烧都会影响利润。运营绩效部门几乎涉及每一架飞机的销售。考虑到绩效数据对其财务状况的影响，许多客户要求飞机 OEM 公司数据保证。这些保证会给飞机制造商带来重大风险，特别是在飞机尚未建造和飞行的情况下。

在向客户做出承诺后，系统设计变更可能会产生问题。更加不为人注意的问题是设计特征或变化未被认为会影响性能/或保修，因此不会在进行设计变更小组之外进行沟通。系统工程师应该知道，飞机的细节规范实际上是一种保证（实际上它是一种担保证书）。未能满足任何一项所述功能可能会导致客户提出要求改正设计或保修索赔。

7.2 适航认证

1）概述

型号认证后，在颁发适航证的途中还有其他问题需要处理。

在本章中，将涵盖以下主题：

（1）对设计类型进行主要和次要变更。

（2）国外设计标准。

（3）生产认证。

（4）颁发适航证书。

（5）认证后活动。

2）类型设计的变更

类型证书持有人可以对型号认证进行变更，其项目取决于这些变更是主要还是次要的。

3）定义主要和次要变更

长期以来，确定对产品的变更是主要的还是次要的一直是一个有问题的主题。一个主要和次要变更过程的例子如图 7-1 所示。某种程度上这涉及一个判断的问题，情况根据事实的变化会比较复杂，可能对于特定的产品系统是正确的，但是如果变更影响到了其他系统或者产品表现的话有可能会不正确。

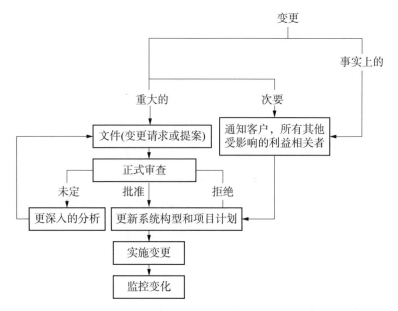

图 7-1 一个主要和次要变更过程的例子

4）主要变更

正如 FAR 21.93 所定义的那样，对类型设计的主要变更是对以下方面产生显著影响的一种改变：

（1）质量。

（2）平衡。

（3）结构强度。

（4）可靠性。

（5）运营特点。

（6）影响适航性的其他特性。

5）次要变更

次要变更被定义为对这些特征没有明显的影响；任何未被分类为重大的变化都被归类为次要的。

6）用于型号认证目的的可定义派生定义

产品类型设计的一些变更（如外观变化）可能显然对上述特征没有影响，而其他变更可能会产生一些影响，但不是"可感知的"。所以，实际上有三个变更程度：

（1）没有效果。

（2）一些效果。

（3）可观的效果。

在以下情况下，变更被认为对指定特征有明显影响：

（1）需要修改公布的数据或项目（相对于特性）。

（2）需要进行测试以重新符合适用于变更的 FAR；和/或因产品变更而导致产品中没有引入危险或不可靠的条件。

对指定特征有一定影响的变更，但对上述指定特征不需要进行重大变更的任何动作都可以归类为次要变更。对任何指定特征均无影响的变更可归类为次要变更。

7）变更批准

FAR 21.97 要求申请人（类型证书持有者）提交证实数据和必要的描述性数据以包含在型号设计中。根据变化的复杂性及其对基本适航性的影响，可能需要进行飞行试验和/或地面试验，以重新证实符合适用的联邦案例（FAR）。审批过程中的步骤通常类似于完整型号证书的步骤，因为变更可能需要修订飞机飞行手册，技术数据表或核查符合 FAR 121. 这将是重大变更的标准项目。

8）小变更批准

FAR 21.95 指出，在提交任何证实或描述性数据之前，可以根据署长可接受的方法批准较小的变更。另外，FAR 21.95 意味着，证实或描述性数据必须在批准较小变更后提交给 ACO。对数据进行批准后审查的范围将由 ACO 选择。

9）由类型证书持有人以外的人员更改类型设计更改

任何人都可以申请 FAA 批准对型号认证产品的变更，并且批准申请人无须获得型号合格证持有人的许可。这种变更的批准项目可以采用多种形式之一，但在所有情况下，申请人必须出示并且 FAA 必须证明符合 FAR 的基本适航标准。

10）补充型号证书（STC）

补充型号证书（STC）是 FAA ACO 或指定修改站为现役飞机进行改装或由

FAA ACO 对型号认证产品上使用的替换或变更部件进行处理和颁发的设计批准。

STC 的申请人可能有许多设计批准的原因之一。该人可能是希望修改其飞机以获得更好性能的飞机的所有者，如较大的发动机或将高升力装置添加至机翼。

此外，希望为型号认证的产品生产更换或改装部件的人员可以申请 STC，以覆盖特定产品中的部件和安装部件。

STC 不是用于普通应用的零件，而是所谓的"标准"零件。

STC 批准的最终证据是类似于具有相同特权的类型证书的证书。STC 可以由持有人出售或出租给他人，并可以作为获得生产批准的基础。如果批准的修改影响安装飞机的操作特性，则对性能项目和任何操作限制的更改将作为原始型号认证 AFM 的补充发布，并且是 STC 的一部分。原始型号证书数据表或AFM 没有修改。产品从 FAA 获得安装许可后才能发布 STC。因此，系统工程师可能会要求在飞机 OEM 安装图纸上标注 STC 系统标注，作为我们修改型设计的一部分。

11）外国通过 FAA 法规

作为一个可以接受的国际标准，许多国家已经采用 FAA 的规定供其航空业使用。像西德这样的一些国家已经逐步采用了英文的 FAR。其他国家，如巴西，已经将 FAR 翻译成自己的语言，可能经过修改以达到自己的目的。如果其他国家达到或超过国际民航组织的基本标准，那么这些修改是可以接受的。

12）联合适航需求（JAR）

JAR 是西欧和英国大多数国家采用的飞机和其他产品的设计标准，旨在作为参与国家间销售的飞机和其他产品的通用标准。JAR 可被描述为国际民航组织标准，FAR 和 BCAR 的组合，以及成员国提交的满足其自身目的的其他要求。今天，JAR 是任何新型认证计划的欧洲适航标准。

13）其他

基本上，除了 FAR，英国民航运航规范（BCAR）和 JAR 之外，没有其他设计标准在国际上被接受。苏联是国际民航组织的成员，标准符合 ICAO 的要求；然而其设计标准现在已经被"泄露"到了西方。

中华人民共和国直到最近才使用俄罗斯标准，但现在逐步采用了 FAR。

14）检查适航性与整合性

取决于检验是用于型号认证还是生产认证，检验类型之间是有区别的。

15）合格检查

在发布或修改型号证书之前，FAA 在飞机 OEM 或供应商处进行的检查称为"合格性"检查。合格检查仅在零部件上进行。

16）适航检查

相比之下，在发布或修改型号证书后，在飞机 OEM 上进行的 FAA 检查称为"适航"检查。对产品进行这些检查，组件不会被单独检查。

（1）生产认证。FAR 子部分 G 由 FAA 进行检查。

OEM 类型证书后由 FAA 发布或修改的检查被称为"适航检查"。

权威标准：FAR 21. 157、FAR 21. 163、FAR 21. 183。

方法：FAA 命令 8130. 2。

（2）输入认证。FAR 子部件 B 和 D 由美国联邦航空局进行检查。

OEM 或供应商之前的类型颁发证书或修订，这些检查被称为"符合性检查"。

权威标准：FAR 21. 33、FAR 21. 53。

方法：FAA 命令 8110. 4。

17）标准适航证书

标准适航证明书证明发给它的飞机符合飞机的型号合格证并符合国际民航组织的国际要求。该标准适航证书表示最高级别的适航性，并且该飞机可能用于运送乘客进行商业运营。

标准适航证可随飞机转让，并且只要飞机适航，维护妥当，并且所有更换或改装部件都按照批准的数据进行了适当的批准和安装，该证书仍然有效。

针对符合 FAR 23、25、27、29 和 31 中标准的航空器型号以及符合 FAA 认可的设计标准的特殊级别的飞机颁发标准适航证书。

18）特殊适航证书

针对不符合"标准"航空器高标准的飞机颁发特殊适航证，但可以在 FAR 规定的限制内安全运行和/或由发证的 FAA 检查员规定。一般来说，具有特殊适航证的飞机不能运营租用，有时不能运载乘客，并且可能仅限于人口稀少地区或水上运营。

有几种类型的特殊适航证：限制性的、有限的和实验性的。为了这个课程的目的，我们将只考虑实验类别。

19）试验

对于任何不符合技术委员会的飞机，可以颁发实验适航证，但可以在保护地面人员和财产以及其他飞行中的飞机的限制下运行。对于 FAR 21.191 授权的大部分实验目的，旅客不得携带，不得进行出租作业。颁发实验证书的目的（适用于本课程）如下：

（1）飞行测试（用于研究和开发或展示遵守 FAR）。

（2）机组成员培训（申请人的机组人员）。

（3）市场调查。在此目的下，除市场调查外，还可进行客户销售演示和客户机组培训。由于这一目的涉及从繁忙机场运送乘客和操作，因此在为此目的发出实验证书之前必须满足某些安全利益要求。

20）适航指令

当型号认证产品中存在不安全情况，且该情况可能存在于相同型号设计的其他产品时，FAA 将发布适航指令。任何需要更正或重新设计系统的行动都是负责系统的工程师参与的行动。

显然，最好不需要采取纠正措施，这为我们带来了一个完整的循环。我们都知道 FAA 的期望，包括 FAR 和其他监管要求，我们可以减少更正行为和适航指令的需求。

第一次就采用正确的做法总是比后续修正和重新设计更为可取，即使这些修正和重新设计都做得很好。

7.3 设计考虑和测试

1）安装和设计考虑

（1）振动和冲击。

在考虑安装 LRU 的位置时，必须考虑 LRU 的精确程度或强大程度。需要考虑到基于 LRU 的鲁棒性：

a. 将 LRU 移动到振动较低的区域。

b. 内置减震/隔振器。

c. 使用更多（或更强）的附件。

应力工程师可能需要对应力进行分析，以确定设备的安装理念。通常的设计分辨率是如果成本和重量损失不高，则将设备移动到不太严重的振动区域。有时需要作出让步才能将其移动到略小的振动区域，并将 LRU 设计得更加稳健。

（2）温度。

a. 附着于机身表面或主要结构。将 LRU/系统连接到飞机的机身表面或主要结构具有重要作用的分支。已知飞机的皮肤在极冷的气氛中巡航时达到 −85℉的最低温度，如−116℉的静态空气温度，曾经在加拿大落基山脉上用 DC−9 测量过。由于太阳能负荷，如在沙特阿拉伯的炎热天气，甚至在美国的尤马，机身表面也可以达到 185℉的温度。由于我们从冷到热的这些极端温差大约为 270℉，因此热膨胀是大型飞机的系统中的一个重要因素。这种 LRU/系统与飞机的机身表面和主要结构的连接是导致"飞机降雨"的一个重要因素，这些将在后面讨论。

b. 邻近设备。考虑位于附近的发热设备，这些设备可能在正常运行期间影响 LRU，如变压器、液压油箱、辅助动力装置、发动机、引气管等。

c. 系统故障。系统故障可能会产生热量，如爆裂管道和冷却损失。安装人员必须了解周围环境是什么，以及当其他系统出现故障时可能产生的影响。查看区域分析和事件审查以帮助确定可能出现的问题。

2）一些设计方案

处理不利热条件的一些更显著的解决方案如下：

（1）设计具有耐高温材料的 LRU。

（2）添加屏蔽以隔离 LRU。

（3）提供冷却空气以抵御热量。

（4）指定不同等级的接线。

3）防潮

必须采取一些预防措施来防止与湿气有关的问题。

（1）密封。

如果设备是电气或电子设备，则可能需要进行气密密封，以防止连接器、风扇、电机等部件受潮。

（2）保形涂层。

电子设备几乎总是使用保形涂层来保护它免受水的侵害。确保这些过程足以确保保形涂层牢固黏附并经过反复暴露于水中。确保它在所有电路板上具有良好的覆盖范围，并继续清除引脚，"母板"连接和带状电线。通常，保形涂层不适用于所有区域，因此请注意这个问题。

（3）排水。

确保 LRU 定向，以便水可以从关键区域排出。如果希望水通过一个孔排出，那么带水的孔或管必须是 5/16 或更大。如果不这样做，水就会形成一个半月板，表面张力会支撑起相当高的水，以致水流不出来。半月板是液体柱的曲面上表面，由于毛细作用，容器干燥时为凸形，潮湿时为凹形。

4）振动和冲击

DO－160C 对振动和冲击测试设置进行了详细的描述，在进行测试时应进行参考。本质上，该文件规定应将设备牢固地安装在振动台上。如果设备将冲击安装在飞机上，则应将其安装在飞机上。所有非结构连接应该像在飞机上一样进行，如感测线、布线等。有时需要在正常振动水平测试期间操作 LRU，甚至是在严重的振动水平下。

测试项目必须清楚地证明 LRU 符合适用文件的要求。除非与专家核实过，否则对于偏差请注意对待。

5）温度

DO－160C 给出了如何运行温度测试的指南。通常将温度测试结合起来，压力随着设备在不同高度经历着变化。但是，在大多数情况下，海拔高度并不像温度那么大。

该装置的安装方式应与飞机上的安装方式相同，即，如果冷却气流对于安装是正常的，那么冷却空气对于所有正常的测试应该是指定的。

OEM 需要异常测试：

（1）冷却气流损失。

（2）失去冷却空气温度控制。

必须在适用的情况下执行这两项测试。环境标准规范提供安装在飞机航空电子机架中的电子箱的正常和异常条件下的气流温度。其他 LRU 的条件由环境/空气系统组设定，必须包含在采购规范中（如适用）。测试项目和测试后性能的指导与振动和冲击的指导相似。

6）湿度

标准湿度测试包括如下内容：

（1）将 LRU 或组件放入湿度箱（100%湿度）中 24 小时。

（2）将其取出并倒出水。

（3）看它是否有效。

但是，可能需要进行特殊的湿度测试来证明您的设计是否可行。这样的测试可能：

（1）使 LRU 或组件变湿（在正常情况下）。

（2）看看它是否有效。

（3）再次弄湿并冷冻。

（4）再看看它是否有效。

冷冻会表明水是否会被困在飞机内部，对设备造成物理损伤。并非所有文件都要求进行第二次测试。测试必须包括配置在飞机上的 LRU/系统，并且必须在最坏的情况下模拟条件。在此湿度测试期间，组件必须正在运行。这与普通湿度测试不同。如果 LRU/系统在经受高湿度后可以达到低于冰点的温度，则应将其作为湿度测试的特殊部分添加。

7）目视测试

在目视测试时，意识到代表的是 FAA、OEM，认知工程师和/或您自己的指定工程代表（DER）。

FAA 和 DER 希望确保：

（1）测试设备已校准。

（2）LRU 或试样符合图纸的安装参数。

（3）严格遵守项目。

如果与上述项目有任何不同，则必须通过资格测试报告批准并明确记录和提交偏差，并在适当情况下提供失败报告。确保测试设置在飞机上的安装符合项目中的规定。

8）如果 LRU 失败怎么办？

如果在测试期间发生故障，测试导体必须遵守以下项目：

（1）在 24 小时内口头通知 OEM。

（2）在 5 天内提交书面初步失败报告。

（3）在 15 天内提交书面最终失败报告和处理。

故障可能是 LRU 故障，测试设备故障或产生错误结果的测试项目错误。所有这些失败都需要使用上述报告项目，每个都必须在最终报告中解决。

一旦 LRU 被修复或重新设计，LRU 必须满足其失败的测试要求。如果对哪个测试导致失败存在疑问，则必须运行所有适用的测试。

此外，如果重新设计很重要，则可能必须重复先前通过的测试

9）认证维护要求

假设 LRU 失败并且重新设计如此重要以至于无法满足飞机的认证日期？第一，必须立即开始重新设计；第二，必须对设备进行测试，以确定它可以满足哪些级别的测试。当确定 LRU 可以满足哪些级别的测试时，必须将其转换为 LRU 可以承受的时间间隔，而不会在检查之间出现故障。这通常需要认证维护要求（CMR）。然后通过服务公告结合新设计来解除 CMR。LRU 的某些不足之处可以通过特殊项目临时解决。然而，这两种解决方案都只是暂时的。

10）相似性资格

这种鉴定硬件的方法非常划算，因为可以避免实际测试，但要注意存在的缺陷！要寻找的东西如下：

（1）在可能受特定环境影响的区域，零件是否真的相似？

（2）该部件的应用是否相似？

（3）原始测试是否符合现行要求？

（4）它是否通过了所有领域的资格考试？

基本上，要对相似的声明进行评判，并且要不遗余力地对这些声明提出疑问和挑战。

11）其他挑战

（1）环境压力筛选（ESS）。

就 OEM 而言，ESS（也称为"老化"）是电子元件组装的一部分。ESS 在部件的物理组装之后且在执行 ATP 之前发生。

ESS 测试结合了热循环和振动循环。元件的功率在热/振动周期的不同点上循环开启和关闭，以对设备施加特别的压力。因为可以凭此发现制造商的错误并且去除掉浴盆曲线所描述的早期失效率。一旦 ESS 完成，曲线应该看起来更像是速度滑雪课程！

（2）电子冷却。

大多数电子设备的设计都需要冷却以提高可靠性或继续运行。如果空间允许，大多数黑匣子可以设计成不需要冷却来操作。所有盒子都可以从冷却中受益，从而提高可靠性。

OEM 试图让所有黑匣子供应商设计他们的设备，以便在最长飞行期间继续满足其性能要求。对此的需求是冷却系统可能失效。有备份，但事实是，如果备份在失败后没有及时维护，总有一天它会损坏。

波音公司/道格拉斯飞机公司（DAC）使用两种类型的冷却方式：ARINC 404 和 ARINC 600。在 MD‑80 上使用的 ARINC 404 是一种直通式冷却系统，即空气排出。在 MD‑11 上使用的 ARINC 600 是一种吹扫系统。两种系统在正确设计时都有效。与吹扫系统相比，泄漏管道倾向于使排气系统劣化。两种类型的冷却都具有一定的流量要求，这取决于盒子中的电子器件产生的热量。对于每千瓦产生的热量，ARINC 404 流量要求为每小时 600 磅①。对于每千瓦产生的热量，ARINC 600 流量要求为每小时 480 磅。这些流量要求必须传递给供应商。还要求供应商进行热分析以满足手柄和盒子侧面的某些触摸温度要求。设计也必须消除箱内的热点。这是为了提高可靠性。

（3）飞机内部滴水。

这是机组成员或乘客在飞机上发现有水滴落的情况。由于飞机在日常操作中去往的高海拔地区和经受的极端高温，这一直是并且将继续成为每架商用喷

7

重要的系统工程基础

121

---

① 磅（1b），质量非法定单位，1 磅=0.453 592 千克。

气式飞机的问题。

基本上，问题源于与冷表面接触的水分蒸汽。

（4）空调夹带水。

通过降低空气温度，空气中含有的水分蒸汽冷凝，夹带在气流中，最终落在乘客和/或机组人员身上。这对 DC-9 和 MD-80 都是一个问题。在许多情况下，常规水分离器将从气流中除去水。然而，这取决于具体的环境或配置，可能必须提高水分离效率，或者可能必须在设计中包括使用排水孔。

（5）在地上。

另一个降雨因素是当机舱空气（或乘客乘机时的外部空气）与空调系统的冷表面接触时。这些表面的温度约为 40℉①。来自外部的高湿度迁移到飞机中并提高了驾驶室内空气的露点。这种凝结已经成为 DC-10 和 MD-11 在空调空气的排放槽上的一个问题。这已通过使导轨与从空调包进入机舱的冷空气绝缘而得以固定。这种现象可以比作是在一杯冰水的外表面上形成冷凝的现象。

（6）在飞行

在飞行过程中，机身表面和结构变得非常寒冷。人们呼吸的水分会迁移到这些寒冷的表面，凝结并冻结。在这个过程中，冰融化并可能导致飞机降雨。这种飞行中的雨源是最难设计和维护的雨水之一。实质上，为了解决这个问题，与机舱空气接触的飞机内表面必须高于机舱空气的露点温度。在巡航期间，表面必须保持在 40°至 50℉以上（巡航时的露点通常低于 40℉）。

为了保持表面暴露在 40℉以上的舱内空气中，所有直接连接到机身（金属对金属）的表面必须与舱内空气隔离。这导致蒸汽屏障，其不允许舱室空气容易地从舱室传递到机身表面并返回。这种情况很难设计，甚至更难维护，特别是在驾驶舱和乘客的门的周围。穿透橡皮布的附件必须要隔离以破坏热流，并在穿透点处密封以保持蒸汽屏障。

---

① 华氏度（℉），温度的一种度量单位，与摄氏度（℃）之间的换算关系如下：华氏度=32+摄氏度×1.8，摄氏度=（华氏度-32）÷1.8。

7.4 安全设计

安全设计是一种设计方法，其中安全分析是设计过程不可或缺的一部分，而不是最终的"添加"。现代飞机系统设计的道德规范，经济模式和法律要求已经使这种方法成为必要。飞机系统和标准的发展需要我们改变设计方法。在过去的十年中，我们看到系统变得更加复杂，并且更加相互依赖。随着对更复杂系统的需求增加，对更安全系统的需求也相应增加。

1）安全完整性

与大多数发明一样，通过设计提供安全性的第一个航空航天概念是完整的。如果一个强大的部件是好的，一个更强大的部件会是更好的。我们的想法：如果你的设计是足够好，故障率会足够低，灾难将几乎不存在。

在某种程度上，这种态度仍然在许多设计圈中流行。不幸的是，正如我们后面将会看到的那样，系统组件故障率的提高很快通常会使系统故障概率微乎其微。当莱特兄弟在空中飞行时，完整性是唯一的设计安全工具。这种方法是已经设计好的组件，不会失败。

1927年圣路易斯的精神号的首次长途飞行震惊了世界。它的飞行员查尔斯·林德伯格有一个关于安全方法的简单设计：给我一个好引擎和一个好飞行员。

2）飞机期望

林德伯格的"正确的东西"态度在航空领域经受了考验，但不幸的是，20世纪20年代和30年代如此高的飞机失事死亡率使普通民众拒绝乘坐飞行。

有大量失败事件带来致命的结果。虽然我们接近设计安全的方式发生变化是由于需要降低事故率，但我们对飞机的期望也发生了变化。在20世纪40年代和50年代，系统的复杂性不断增加以满足日益增长的性能需求。但这个时代的系统是高度自给自足的。模拟飞行稳定性计算机是在20世纪40年代后期推出的。

20世纪60年代和70年代看到了系统控制器的引入，并且因此引入了高度互连的系统。因此需要采用更有规范的方式来分析设计过程中失效的影响。

例如，自动着陆的出现导致了我们今天在 FAR 25.1309 中看到的概率性安全要求的诞生，我们将在短期内对其进行审查。

20 世纪 80 年代开始对自动控制和惯性导航系统有着广泛的依赖。第ⅢB类着陆和两名机组人员变得更加普遍，这既增加了故障检测的重要性，也提高了对可靠监控的需求。20 世纪 90 年代将会看到更多地使用自动驾驶仪飞机。这将要求所有的系统设计工程师完全掌握有效的监视器和故障诊断和调节原理。额外的挑战将是设计人为因素，避免使用飞行员作为监视工具，并最终削减航空公司的检查和维护成本。——这两个主题在飞行机组系统接口模块和可维护性设计模块中都有详细介绍。

3）设计安全性与成本效益

成本效益的重要性可能最初似乎与设计安全的结构化项目相冲突。但是，实现安全设计的项目不会改变 FAA 规定所要求的安全水平。一旦满足这些要求的需求被接受，任务就变成如何以高效和经济的方式满足这些要求。正确的安全设计提供了最低成本的系统以满足性能和安全目标。我们可以确定实现安全目标真正需要多少冗余，从而避免过度设计。系统设计人员当然了解不安全的飞机对商业不利的事实。但对于一个注重诉讼的社会而言，额外的考虑是安全设计的可预见性问题。设计师有责任避免由于合理的可能情况造成的伤害。合理设想的问题是故障模式分析的次要副产品，这是本书中所述项目的一部分。

不幸的是，过去几十年中开发的大多数先进的安全分析技术主要仅用作认证工具，因此在认证时造成恐慌，并且有时需要重新设计系统以满足安全要求。

4）安全——设计方法的一个组成部分

也许在 20 世纪 90 年代，飞机设计的要求强加于我们的最重要的单一实现是安全必须成为设计方法的组成部分。这不是一个需要优化的因素，而是作为绝对要求，与满足系统设计的性能规格相同。传统上，设计组件时需要考虑许多因素：

（1）实力。

（2）质量。

（3）尺寸。

（4）形状。

（5）磨损。

（6）腐蚀。

（7）安全。

（8）可靠性。

（9）可维护性。

（10）人为因素。

一般来说，这些都是要优化的因素，因此在很多方面，安全不属于此列表。

5）评估潜在的失败

现代飞机的最佳安全性只能通过评估潜在的故障和错误（单独或组合）以及由这些故障导致的危险程度来实现。系统越复杂，就越有必要以有计划和有组织的方式进行。定量安全评估是 FAR 和 JAR 要求的。如果早期完成，那么这些安全评估提供了一种方法，设计出了一套有平衡的系统、浪费更少、并且成本最低可以认证的飞机。

6）耐安全设计

出于多种原因，为改善安全性而改装的座椅设计不再有效。你的头脑中有太多的失败条件。认识到与组件数量相比，故障条件的数量很大是很重要的，设计必须通过安全分析来完成。尽管事实证明没有安全性的设计已被证明是行不通的，但我们都听到了为什么这仍然是最好的选择。有时候，你甚至可能自己"买了"一些这些考虑因素，因为从表面上看，它们听起来很"理性"。

在前端设计中不使用安全分析的著名理由：系统已知是安全的。

这是波音公司在与 FAA 就磨损制动认证进行讨论时使用的一种方法。与直觉相反，千万飞行小时的成就并不支持十亿分之一概率的要求。假设翻转硬币并使其落在边缘的概率已知为千分之一。您通过翻转硬币一千次来测试它，但它不会一次性降落。这并不令人惊讶。在第一千次或甚至第两千次翻转过程中，它很可能不会落在边缘上，但随后在三千次时会三次出现边缘。

仅仅因为它在第一千次翻转期间没有落在边缘，并不意味着边缘着陆的概率小于千分之一。

（1）时间表：没有足够的时间。

如果您认为课程开始时日程安排紧张，只需等到认证前恐慌设置完毕！

（2）我不相信概率。

但 FAA 肯定会！

（3）我们以前从不需要它。

尽管感觉飞机设计几乎没有变化，但看看原理图的图表显示了系统交互的巨大飞跃。另外，在现有的 FAR 下，旧设计将是不可验证的。安全无法通过系统认证；它必须被设计成英寸。随着系统变得越来越复杂，您需要越来越多地了解您对认证的期望，因此您设计的系统首先是可认证的。

您不能等待可靠性工程师进行一些分析，并确保您的系统良好。有很多证据表明，无论系统设计师有多优秀，都无法预测结构化分析所能提供的结果。系统太复杂，无法直观地了解系统是否通过认证。另外，如果不能直观地知道它是可认证的，那么就不能直观地知道它是安全的。设计安全概率方面安全设计目标的设计任务概率方法的成就。不良事件一定是罕见的，可怕的事件更加罕见。概率是系统安全要求的唯一合理基础。

7）设计安全的概率性方面

安全设计目标的实现需要一种概率方法。不良事件一定是罕见的，可怕的事件更加罕见。概率是系统安全要求的唯一合理基础。

在最近一篇关于概率风险分析的文章中，加州大学洛杉矶分校的乔治·阿波斯托拉基斯博士表示：

关于它的使用还存在争议和误解。工程师被要求处理需要相当主观判断的方法，而且由于他们不习惯于将"客观"事实与"主观"判断混合在一起，所以他们感觉整个演习缺乏科学严谨性。

少数几个在大学时间里接受概率和统计学课程的工程师发现他们的概率概念。由于 PSA 对真实系统的要求以及重大事故罕见的事实而受到挑战。

尽管有这些限制，概率仍然是我们处理不确定性的唯一合理方式。

立即出现的问题是为什么概率安全分析不被普遍接受。一个主要原因肯定是大多数工程师缺乏强大的统计背景。

工程师和其他人在概率论方面遇到的困难之一是它常常违反直觉。最近在全国各地的报纸上刊登了一个很好的例子。

8）概率之间的冲突与直觉相冲突

Marilyn vos Savant 是 Parade 的专栏作家，最近提出了一个简单的概率问题，该问题显示了对概率缺乏理解的程度有多严重。她提出了大学教室中经常使用的游戏节目情况：

假设在游戏节目中，你可以在三扇门之间进行选择。一扇门后面是一个大奖（一百万美元），另一扇门后面没有任何东西。知道钱在哪里的游戏节目主持人告诉你选择一扇门。说你选择门号码 1，主持人打开另一扇门，如显示它没有任何东西。然后，主持人再给你一个选择："好吧，现在你想保持你的 1 号门，还是换成 3 号门后面的东西？你会做什么？"

如果你回答说你保持 1 号门，那么你就错了。你问，这怎么可能，从 1 号到 3 号显然是 50/50 的机会。当然，事实上，主持人的门牌号码 3 现在有两倍的概率（66%），但门牌号码 1（33%），并且您选择减少一半赢得一百万美元的机会。在给读者一周的时间思考这个问题之后，玛丽莲·沃斯·萨万特随后宣布了正确的答案：即你应该换个门。她对理由作了简单的解释。第一个门有 1/3 的获胜机会，其余的门在选择后有 2/3 的机会。在你最初的选择后，你有 1/3 的机会获得这笔钱。当然，主持人有两个 1/3 的机会在两扇门后面。请记住，要么你有，要么你没有（总概率等于 1）。既然你有 1/3 的猜测机会，你就有 2/3 的猜测是错误的。所以你 2/3 的猜测错误的机会完全等于主持人在他剩下的两个门之一中有钱的机会。既然他知道钱在哪里，他总是可以向你展示一个背后没有任何钱的门，因为他总是至少有一个。打开这样的门对你的门是赢家的概率没有影响。玛丽莲的读者很愤怒，绝大多数回应告诉她，她实际上是错的，需要收回她的意见。然后，她发表了第二个解释里有更详细的内容和其他例子。

假设游戏节目主持人给了你一个挑选千门之一的选择，并且只有一扇门后面有奖品。你选择了一个主持人身后的一长串门中的一个但是仍然失败了。接下来，主持人打开除了你选择的门外另外的 998 个门，只剩下一扇门。目前的做法似乎更合理吗？大多数读者仍然说不。玛丽莲在得到博士学位后收到了佛罗里达大学的一位博士的信，告诉她国防信息中心副主任和国家卫生研究院的研究统计员承认美国有足够的数学文盲，而且我们并不需要世界上高智商的传播。一位读者建议女性不能做数学，成千上万的人同意，并在资格审查书上签署他们的名字，此事令人印象深刻。乔治敦的一位教授问有多少愤怒的数学家会说服她是她错了。最后是一个博士来自美国陆军研究所的研究人员指出，如果所有其他博士都错了，世界将面临非常严重的麻烦。确实非常严重。在接下来的几个月中，经过计算机模拟和实际测试后，一位知道钱在哪里的主持人，总是打开一扇没有钱的门，尴尬的读者开始提出退款。"问玛丽莲"事件的社会方面与问题本身一样有趣，愤怒的读者由强烈的直觉驱动，而不是通过分析。不幸的是，我们的直觉在可能性方面似乎很差。与"问玛丽莲"一样，飞机设计类比是惊人的。概率能力欠佳的设计工程师面临着似乎没有道理的概率安全计算问题。像读者对于玛丽莲的博士学位事件的反应。一些著名的工程师试图通过指出其长期的设计经验或声称某种形式的技术优势来解决冲突。像玛丽莲一样，安全分析师可能会面临一连串的共识。正如玛丽莲在她的专栏中所述，数学答案不是由权威或共识决定的。答案来自理解基本原理和结构化分析方法。

9）安全性与可靠性

许多公司都有一个名为"安全和可靠性"的部门。安全性和可靠性通常被认为意味着同样的事情。实际上，他们不一样。

为了更方便理解本章的描述，我们将使用以下定义。

可靠性：任何组件，子系统或系统的固有设计属性，允许其执行其预期功能而不会失败。

设计安全性：组件，子系统或系统的另一个属性故意设计为将受伤或死亡的可能性降至最低。可靠性的主要担忧是经济后果。

安全的首要关注是生命的丧失。

如果可靠性得到优化就很好，而且是越多越好，但更可靠意味着更多成本。安全性并没有真正优化，必须满足绝对最低水平。如果通过冗余、复杂的系统来实现安全，并且能够实现高度的功能可靠性，则可能会降低维护的可靠性。由于至少有一个可靠性目标是较少维护，并且由于安全目标设计包括冗余所需的更多系统组件（需要更多维护），因此安全目标和可靠性目标有时可能会发生冲突。

10）危害和风险

给定危险的风险程度由以下因素组成：

（1）影响的严重程度。

（2）危险概率。

高风险事件很可能并且有着严重的影响。严重的危害如果足够稀少，可能是可以忍受的；如果足够温和，可能的危害是可以容忍的。这导致了一个简单的，也许直观的概念，即危险的概率必须与其严重程度成反比。

在设计中的安全集成应遵循以下步骤：

（1）确定飞机功能。

（2）确定失败后果。

（3）功能分配到功能系统。

（4）对系统和人员的安全要求分配。

（5）基线概念的系统架构细化设计。

（6）对硬件和软件的安全要求分配。

（7）硬件和软件设计。

（8）硬件和软件集成。

（9）系统集成。

FAR 25. 1309（b）提出了认证系统和部件必须满足的概率标准。咨询通告 25. 1309（b）将极其不可能的定义为十亿分之一，并且不可能成为百万分之一。FAR 十亿分之一的要求意味着，在 20 年的时间内，由于 2 000 架飞机系列的认证系统而导致的系统故障导致的致命性事故的概率约为 0. 7。

基于千万个致命事故概率的示例计算如下：

假设我们有 1 000 架飞机，每架飞机都有 100 个关键系统。如果他们符合 FAR 的概率标准，那么每架飞机上的每一架飞机（每架飞机有 1 000 个关键系统）每小时将有一个千万的灾难性事件概率。

因此，一架飞行 8 小时飞行一年内发生灾难的概率大约为 $365 \times 8 \times 10^{-7}$ 或约 3×10^{-4}（万分之三）。

然后，如果所有 2 000 架飞机飞行一年，机队中发生灾难的概率将约为

$2\,000 \times 3 \times 10^{-4}$ 或 6 乘以 10 （0.6）。

这是否意味着 10 年内机队灾难的概率是 6 （10 年×0.6）？显然不是，因为概率不能超过 1。实际上大约是 0.7。

我们数学中的缺陷将在稍后解决。但是这个例子表明，FAR 所要求的似乎可以忽略的低概率对于社会而言似乎还不会太低。

11）组织支持

IPT 中有效的安全措施需要以下因素：

（1）计划管理：提供资金和时间表以实现综合安全方法。

（2）设计办公室：通过完整的安全措施来确认自上而下的设计，并要求设计人员采用这种方法。

（3）人为因素：确保人机界面的准确表达。

（4）可靠性：提供历史数据以支持分析（告诉我们某个组件预计可能出现故障的频率，以便我们可以适当设计）。

（5）软件管理：提供验证和验证。

（6）可维护性：确保客户对固有危害的认识。

（7）产品支持：用于设计意外服务问题社区的反馈。

（8）构型管理：确保现实与建模系统相同。

（9）设计师：采用安全方法设计，挑战自己的设计。

12）更安全的系统和产品

工程师通过以下方式制造安全系统和产品：

（1）他们选择的部件故障模式。

（2）他们对安全偏好的应用，应包括以下内容：

a. 系统安全工程项目，规定了公司有关设计安全工程的政策。

b. 统安全项目，规定了设计安全工程的最高要求和责任。

c. 设计安全项目项目，规定了每架新飞机的设计和开发或对现有飞机的主要改装的具体要求应具有设计安全项目并制定一份设计安全项目计划以记录实施的任务那个节目。

设计安全手册（DSM）PD‑503M 是一份参考文件，可以作为项目经理和工程师的指导，用于开发设计安全。

计划计划符合 PD‑502。DSM 描述了各种安全评估工具并为其使用提供了指导。它还介绍了设计安全如何与其他设计和开发活动进行交互。管理人员和工程师可以自行选择适合特定设计活动的工具。所选择的具体工具和任务将取决于许多因素，包括适用的合同（如果是军事）或民事法规（如果是商业的）。

（3）冗余及其相关架构。

设计的优先顺序如下：

a. 设计系统以消除（排除）危险。通过设计选择减少相关危害。

b. 通过安全装置和功能控制危害（降低概率）。

c. 提供警告装置。

d. 提供项目和培训，纠正措施。

考虑故障模式的组件选择示例：

a. 电磁阀与电动阀门。

b. 预加载弹簧。

c. 看门狗定时器。

13）失效安全设计概念

以下是可以用于各种组合的 11 种设计原则或技术，以提供故障安全设计，确保主要故障条件不可能发生，并且灾难性故障条件极不可能：

（1）设计完整性和质量，包括寿命限制，以确保预期的功能和防止故障。

（2）冗余或备份系统可在任何单一故障后启用持续功能。

（3）隔离系统，组件和元件，以便一个故障不会导致另一个故障。隔离也被称为"独立性"。

（4）经证实的可靠性，因此在同一航班中不太可能发生多次独立故障。

（5）故障警告或指示提供检测。

（6）飞行机组项目在故障检测后使用，通过指定机组人员纠正措施无法继续安全飞行和着陆。

（7）可检测性：检查组件状况的能力。

（8）设计的故障影响限制，包括维持损坏的能力，限制安全影响或故障影响。

（9）设计故障路径，以限制其安全影响的方式控制和指导故障的影响。

（10）允许任何不确定或不可预见的不利条件的保证金或安全系数。

（11）考虑飞机设计、测试、制造、操作和维护期间可预见误差的不利影响的容错能力。

作为系统工程师，人们永远不应忽视故障安全系统设计概念的根本重要性。我们必须抵制将我们的注意力集中到一个不正当的"一叶障目，不见泰山"问题的倾向，在这个问题上，对安全分析的详细关注取代了广泛的思考和工程判断。应始终审查安全性分析的结果，以确保良好的意义，并根据故障安全系统设计概念进行验证。

14）串联或并联架构

在考虑功能冗余时，设计者的首选之一就是串行与并行架构的问题。有关串联和并联架构的决策必须考虑已设定的标准。

假设火警概率非常低的飞机上安装了火警系统，并且飞行中的虚假报警可能导致发动机停机，紧急下降，紧急着陆和疏散（这通常会导致乘客受伤）。

和（AND）逻辑（第一个和第二个必须同意）主要关注的地方是不必要的激活。但是这个系统在需要的时候有很高的不工作概率；如果有一个不工作的话，那么即使有火灾另外一个正常的也做不了警告。

假设您正在设计一个艾滋病检测计划来保护公众。您首先关注的可能是"有多少真实案例被忽视"。

假阳性概率怎么样？

如果您正在寻找的事件非常罕见，并且假阳性的可能性不是很低，您会发现大多数"积极"结果实际上是错误的。

示例：假设事件概率为 10^{-5}（十万分之一），误报概率为 10^{-3}（千分之一）。这意味着在100 000次试验中，您将得到100个阳性结果，其中只有一个是正确的阳性结果。

如果发生这种情况，测试项目（或火灾报警系统）是否真的使社会受益？这是一个复杂的主题，需要仔细思考。和（AND）逻辑与或（OR）逻辑都有各自的强大属性。但是当你需要它时最适合在那里，当你不需要它时，它也会更频繁地存在，反之亦然。

天下没有免费的午餐。您必须决定将考虑到您最关键的问题的标准和设计。无论如何，这取决于真实和虚假警告以及其他因素的影响。实际上，除了这些和（AND）与或（OR）系统之外还有其他选择。

可以设计出更复杂的方案，这可以满足系统安全需求。这样的方案将包括三重冗余，其中每个具有一个"投票"，并且多数获胜，或 2/3 及其他。大多数飞机系统都涉及复杂的冗余组合，以及许多监视器。虽然没有免费的午餐，但我们的工作是找到最低成本的午餐。

15）显示器

冗余以及正确的架构是实现高度安全系统的最佳途径。如果一部分失败，则另一部分接管。但是，当第一次失败时，怎么知道呢？如果另一方接管了，则一切都可能正常。但事实上，我们现在已经失去了我们的冗余，灾难可能潜伏在拐角处。

因此，监控是必要的，用以宣布何时失去一级冗余。否则系统将继续运行，直到下一个系统发生故障，这可能会导致灾难——确切地说是您将冗余放入系统以防止这种情况发生。因为事物失败的概率取决于它运行的时间长度，每一个操作都没有冗余的情况下，第二次失败将发生的概率增加并导致灾难性后果。因此，我们需要一种机制来查找冗余（监视器）的潜在损失，以便可以修复它们，并指定最小安全冗余。

16）安全工具设计

（1）功能危害分析（FHA）。FHA 着眼于功能可能发生的主要故障，这些故障的影响，与之相关的风险以及我们必须满足的安全标准，以使风险可以接受。

（2）失效模式和影响分析（FMEA）。FMEA 会以各种方式查看系统中每个组件发生故障时会发生的情况。

（3）故障树分析（FTA）。FTA 着眼于失败组合的影响。

（4）区域分析和事件评论。

区域分析和事件评审查看系统的物理位置，以便实际上应该是独立的组件（相同的事件不会导致冗余系统的两个部分出现故障）。安全设计是一个使用这些工具的迭代过程。随着架构的发展，这些工具变得更加精致。

17）设计安全目标

目前，我们行业的致命事故率大约是每百万次飞行一次。每千万次航班的目标不超过一起致命事故。如果我们要通过拥有大约 100 个系统的飞机来实现这一目标，那么每个系统只能产生不超过十亿分之一的导致事故的概率。虽然我们可能无法完全消除事故，但我们有责任努力降低事故率。良好的系统设计——考虑概率，人为和历史因素——可以减少不正确的操作员行为，并帮助我们消除博帕尔、切尔诺贝利和苏城这样的事件。

18）概要

关于安全设计总结如下：

（1）多年来，随着飞机系统变得越来越复杂，仅作为安全基础的部件完整性已变得不可行。

（2）系统太复杂，无法直观地知道系统是可认证的。如果你不能直观地知道系统是可认证的，你怎么知道它是安全的？

（3）安全性不能被"认证"到系统中，它必须被"设计"的。

（4）安全性不是要优化的因素，而是绝对的要求。

7.5 电气和机械装置

本节介绍对系统工程师来说很重要的各种电气和机械安装注意事项。本节的目的是介绍最适用于系统设计人员的安装和实践方法。目的不是让学生成为安装专家，而是提供各种工程学科之间的接口和协调信息。本节分为三个部分：电气设备、电气接线和机械。

7.5.1 电气设备

电气安装小组负责整个飞机上的电气和电子设备的安装设计和布线，包括机身、机翼、尾翼和起落架。一些设备/系统包括控制箱、内部/外部照明、天线、服务人员面板、位置传感器、继电器和断路器面板以及娱乐系统。为了缩小本节主题的范围，将涵盖系统中极其贴近的有特殊要求和条件的飞机三个区域中的设备安装。这些区域是航空电子设备舱、中心配件舱和飞行舱。与这三个舱室相关的许多问题适用于整个飞机。必须尽早启动系统设计和电气设计之间的协调，以解决系统分离、安装规定和封套尺寸限制等重要问题。

1）航空电子设备舱

位于飞行舱下方的航空电子舱包括几个不同的机架。这里最大最重要的机架是主要的航空电子机架（MAR）。在大多数情况下，设备安装在此机架中，以便靠近飞行舱中的控制器。辅助航空电子机架，顾名思义，是 MAR 的扩展，支持无法安装在 MAR 中的设备。电器架包含主要与配电系统相连的设备，如静态逆变器和变压器整流器。该机架还装有其他辅助设备/盒子。设备机架容纳前/后继电器和设备面板。继电器面板能够容纳数百个继电器，这些继电器由于某种原因没有内置在系统的黑匣子中，或者需要连接不同的黑匣子。对于一些客户来说，这些继电器面板已经变得非常完整，必须添加一个辅助面板。该辅助面板能够容纳大约 75 个继电器。杂项设备小组用于容纳变压器、耦合器、过滤器等杂项设备，位于 MAR 的前方。

2）中心配件舱

中心配件舱（CAC）的主要部分是电力中心（EPC）。EPC 包含将电源从发电机分配到各种电源总线所需的组件和接线，以及所需的电路保护。电力中心的位置是在飞机内空间分配的早期阶段必须做出的重大决定。决定其位置的因素如下：

（1）发电机数量及其位置。

（2）易受发动机故障等故障的影响。

（3）主要部件中心的位置。

（4）维护和飞行期间的访问。

EPC 应采用模块化设计，以便在模块安装到飞机之前安装和接线组件。该设计可以是用于每个发电机舱的单独模块，或者是具有用于与任何一个发电机相关联的所有部件的单独机架的一个组件。在任一种设计中，在托架之间必须有足够的隔离，以便任何一个发电系统的故障，如短路，不会导致任何相邻系统的损失或损坏。CAC 还有几个电器架用于放置各种 LRU，主要涉及控制电力系统。

（1）机架安装设计需求。设备/航空电子设备机架提供了在飞机中的特定位置安装多个 LRU 的便利方式。它提供了一种将 LRU 与飞机布线、设备冷却系统和飞机中的其他设备连接的方法。将 LRU 与机架和面板连接器连接的优选方法是通过使用安装托盘。包括前面板压紧装置的安装托盘组件是一个完整的系统，可吸收所有 LRU 插入和拔出负载。

（2）LRU 尺寸。安装在机架中的设备必须按照 ARINC 404A、ARINC 600 或这些规格的组合进行设计。ARINC 404A 是 DC‐10 上使用的旧规格，定义了标准的航空运输机架（ATR）尺寸。ARINC 600 定义了模块化概念单元（MCU）。MCU 用于定义 LRU 尺寸，是现在用于商用航空电子设计的基本构建模块模型。LRU 大小由 MCU 名称指定。下表显示了 ARINC 404A 的 ATR 盒尺寸与 ARINC 600 中定义的 MCU 尺寸的倍数表示的 LRU 尺寸之间的近似相关性（见表7‐1）。

表7‐1　LRU/ATR 案例相关

LRU 尺寸	ATR 名称	宽度/英寸	长度/英寸	高度/英寸
1 MCU	—	1.00	12.56	7.64
2 MCU	1/4 ATR	2.25	12.56	7.64
3 MCU	3/8 ATR	3.56	12.56	7.64
4 MCU	1/2 ATR	4.88	12.56	7.64
5 MCU		6.19	12.56	7.64
6 MCU	百分比 ATR	7.50	12.56	7.64
7 MCU		8.79	12.56	7.64
8 MCU		10.09	12.56	7.64
9 MCU		11.39	12.56	7.64
10 MCU		12.69	12.56	7.64
11 MCU		13.99	12.56	7.64
12 MCU		15.29	12.56	7.64

（3）设备冷却。设备/航空电子设备机架的一个特征是它可以为电气/电子箱提供冷却空气。目前使用的三种冷却系统是漏气，抽吸或吹气。所有这些都需要不同的方法来进行机架的基本设计。冷却系统的设计将与环保组织密切协调，并得到他们的批准。

（4）普遍安排。显示安装在其独特位置的所有 LRU 的机架布置称为该机架的通用布置。除了相互排斥的设备外，每个 LRU 在机架中都有一个独特的位置。也就是说，一旦一个单元被赋予一个机架中的位置，它将始终安装在所有客户配置的相同位置。这样做是为了避免在 LRU 的位置从一客户变为另一客户时需要进行昂贵的布线重新开发。

（5）设备位置——需要问的问题。在航空电子设备舱或 CAC 货架上安装设备时，应询问以下问题：

a. 它将如何连接到整个系统？必须互连的设备应放在同一架子上，以尽量减少电线长度。设备机架采用水平矩阵布线，使用最少的垂直连接。

b. 是否会安装多个系统？系统分离可能需要物理隔离，以便只有一个系统因事故而丢失。例如，ADC－2（air data computer-2）安装在货架 1 的左侧，ADC－1 安装在货架 1 的右侧。

c. 有电磁干扰吗？尽可能从"脏"盒中隔离 LRU。

d. 有任何约束条件吗？包括陀螺仪、水平传感器或惯性装置的设备可能需要与飞机轴线对齐或与相邻单元相对对齐，如惯性参考单元需要非常安装。

e. 单位的质量是多少？应设置重型箱子，以便在安装时不需要过度操纵或提升。

f. 是否有特殊的要求？某些设备包括磁带、磁带、通信代码或其他可以更换或维护的调整，无需将盒子从其安装位置移开。

3）驾驶舱

驾驶舱中安装了大量设备。出于本节的目的，我们将重点关注三个方面：底座、安装在后架空板上的断路器和前置顶板。但是，在这三个区域中，只有基座和前置顶板面板设备。由于其重要性和空间限制，需要讨论安装在后部架空中的断路器。

（1）基座。基座位于飞机中心线上的机长和副驾驶之间，并设有用于通信、无线电和导航系统的控制面板。该设备安装在前后延伸的轨道上。计划将设备安装在基座中的系统工程师必须符合 MS25212，控制台类型和控制面板。本节介绍设备尺寸和安装方法。设备设计必须考虑适用的接线连接和设备冷却。系统工程师还应该了解液体在冷凝或水、茶、咖啡等无意溢出的区域中可能产生的影响。冷凝对于安装在基座前侧的设备尤其重要，基座连接到基座的前侧基本结构。冷凝可能在飞行过程中冻结，在下降过程中融化，并滴入附近的设备。

（2）架空断路器。安装在顶置面板中的断路器根据电压总线分组，如电池总线、电池直接总线、直流母线等。它们进一步按系统和功能类别分组，如航空电子设备，飞行控制，液压系统，发动机等。

这些架空断路器对于飞行中的安全至关重要，因此它们在保持就座状态时可以接近两名飞行员（参考 FAR 25.1357）。这些断路器的主要功能涉及飞机的安全操作，即飞行仪表、通信系统、导航系统和飞机性能仪表的动力。系统工程师关注的是电池总线上可用于安装断路器的极其有限的空间，当然，电池本身的容量有限。

（3）前置顶板。架空开关面板位于飞机天花板上，大约在中心线上，两个飞行员都可以使用。在前面板上安装的设备中，系统控制器是最重要的。其余控制面板按 MS25212 包装，深度除外。通常，它们必须比本规范允许的最大深度浅得多。同样，系统控制器采用轨道安装，按 MS25212 封装，最大深度和宽度除外（它们比 MS25212 允许的宽）。安装在顶板中的任何设备都需要尽早与电气安装设计工程师协调。对系统工程师来说同样重要的是要安装在顶板中的设备的分离要求。

（4）设备安装和环境因素。振动、温度和湿度以及各种环境因素都会影响飞机设备和系统。高空飞鸟的冲击对系统控制面板和安装的影响可能非常严重。

7.5.2　电气接线

1）概观

本节讨论飞机电气和电子线路的设计和安装。由于线路安装的复杂性，因此系统设计者和电气设计者之间的协调必须在早期阶段就开始，这一点怎么强调都不过分。

2）无障碍

电气和电子设备在当今商用飞机中的作用越来越大，布线装置继续变得越来越复杂。由于这种复杂性，因此必须首先考虑可访问性之一。

虽然线路的长度应尽可能短，但应始终保持可访问状态，原因如下：

（1）易于电线组装，安装或拆卸。

（2）易于设备安装和维护，即放置端子板、模块、接地和电连接器。

（3）故障排除。

（4）电线组件检查和维修。

3）安全

新设计必须与其他设计组（结构、液压系统、室内设计等）协调，以确保电线可访问性。与可访问性相关的问题是人员和乘客安全。接线布线和组件必须由人员维护，并不总是在理想条件下。必须消除危险，并保护接线和人员。当电线安装可以用作台阶、手持或座椅时，可能会有这样的可能性。为消除这种可能性，应移动路线以防止这种情况发生，或通过使用导管或盖子提供足够的保护。

4）电线分离类别

在关于电磁效应的章节中，讨论了耦合，以及可以消除电磁干扰（EMI）的一些方法。控制 EMI 的最明显方法之一是通过隔离线路运行。所有接线分离要求必须符合 WZZ7002 中详述的飞机接线安装规范。总之，它将导线类别分为：①分布和互连布线；②主发电机功率、控制和调节。这些电线类别总结在表 7-2 中。

表 7-2　WZZ7002 电线类别摘要

配线和互联线路		
类别	描述	分离
Ⅰ	电气负载（电机、加热器、照明）	6″
Ⅱ	仪表和电子负载	3″
Ⅲ	未使用	未使用
Ⅳ	敏感（音频、视频、参议员、信号等）	3″
Ⅴ	极易受影响（天线同轴电缆，电缆，飞行功能）	3″
Ⅵ	系统	3″
主发电机功率，控制和调节		
Ⅴ	主馈电线、发电机到负载中心	12″
Ⅵ	主发电机控制和调节	6″

接线分离要求也在 FAR 中规定。

25.1431（c）电子设备

（c）必须安装无线电和电子设备，控制装置和布线，以便任何一个单元或系统单元的操作不会对本章要求的任何其他无线电或电子单元或单元系统的同时操作产生不利影响。

25.1353（a）电气设备和装置

（a）必须安装电气设备，控制装置和接线，以便任何一个单元或系统单元的操作不会对安全操作所必需的任何其他电气单元或系统的同时操作产生不利影响。大多数线组件不限于飞机的一个特定区域。因此，当他们进入其他设计责任区域时，有助于防止电线穿过纵横交错的区域。

在飞机的某些结构区域中，保持所需的电线间隔距离可能是不可能的或不切实际的。WZZ7002 也解决了这种情况。典型的例子是电线必须穿过减重孔。这里，线束必须保持最小间距，直到它们立即进入减重孔，并且应尽快脱离。减重孔是结构构件中的孔用以减轻质量。

5）系统布线分离

除了基于它们承载的负载的大小或灵敏度的电线分离之外，还必须考虑在不同的电线束中分离冗余系统。如果到系统的布线包含在同一束中，则可以取消冗余系统的目标——两个系统都可以通过损坏单线束来取出。通常，在冗余系统中，系统#1 的布线在左侧布线，而系统#2 布线在飞机的右侧。应该从系统的始发点到最终终止保持这种左/右分离。全权限数字发动机电子控制（FADEC）系统就是这样一个例子。每个引擎都有一个带有通道 A 和通道 B 接线的 FADEC。每个通道的接线通过不同的线束和断开连接。这些束穿过机身的左侧和右侧，以及机翼的前缘和后缘。在飞机的某些区域，冗余系统布线必须一起布线，如主航空电子机架。这里，通过对每个冗余系统使用屏蔽线来提供物理分离。

在电力系统课程中，您了解了在自动着陆期间必须如何分离发电通道。必须将相同的自动着陆分离原则应用于飞行器中的关键系统，如飞行控制计算机、显示电子单元、惯性参考系统和飞行管理计算机。对于这些系统，航空电子设备组必须与接线安装组协调，以确定哪些电路被认为是关键的并且需要隔离。系统设计人员还必须与外部供应商协调，以确保将分离要求设计到 LRU 中。这包括通过单独插入的通道分离。设计分离还必须满足以下 FAR：

25.1309 设备、系统和装置

（a）本分章要求其功能的设备，系统和装置必须设计成确保它们在任何可预见的操作条件下执行其预期的功能。

（b）单独考虑及与其他系统有关的飞机系统及相关部件，其设计必须满足如下条件：

① 任何可能妨碍飞机继续安全飞行和着陆的失效条件的发生是极不可能的。

② 发生任何其他失效情况会降低飞机的能力或机组人员应对不利操作条件的能力是不可能的。

用于天线的同轴电缆和 V 型线，由电线安装工程师开发和布线。同轴电缆可以单独布线或作为电线组件的一部分布线。

6）安装多样性

接线装置必须容纳从数千根电线的电线组件到单根电线的任何东西。单线的范围可从 24 规格到 000 规格。这转换成外径为 0.045 英寸（质量为 0.002 磅/英尺）的电线，外径为 0.660 英寸（质量为 0.7 磅/英尺）。电线有单导体、绞合电缆、屏蔽和护套电缆以及同轴电缆。导体通常是铜，但 24 号导线除外，它是一种高强度合金。另一个例外是馈电电缆通常是铝制的。电线还带有各种护套或绝缘层，具体取决于安装环境的温度范围。大多数飞机布线是通用的，200°C 温度额定值。发动机挂架中使用的特殊"火线"必须承受 1500°F 的温度。

7）电力馈线

供电装置非常坚硬，直径大（000 规格）。电源馈线安装需要特殊考虑。由于它们是 V 型线，需要与其他线路分开 12″，因此它们必须单独布线。而且由于馈电线为 3 相、400 Hz，相位与结构地平面之间的平行度至关重要。馈线必须在线束中形成一个三角形并相互接触。辅助动力装置（APU）的线束必须包括发动机的起动电缆。

必须安装发动机的动力给料机，以便在整个电线运行时，电缆在任一方向上都不会扭转 60°。APU 的功率馈线在一个方向上不会扭转总共 90°。供电设备的设计和安装还必须满足 FAR 的规定：

FAR 25.1353 电气设备和安装

（b）电缆必须分组，布线和间隔，以便在大载流电缆出现故障时，最大限度地减少对基本电路的损坏。

（c）机身内的主电源线（包括发电机电缆）必须设计成能够在不发生故障的情况下进行合理程度的变形和拉伸，并且如下两点是必需的：

① 与易燃液体管线隔离。

② 通过电绝缘的柔性导管或等效物覆盖，这是普通电缆绝缘的补充。

8）环境条件

必须在开始时确定安装布线的区域的环境。必须考虑的项目包括清洁项目、湿度、冲击、振动、温度和闪电。虽然本书的其他模块中提到了许多这些主题，但我们将介绍那些与布线安装特别相关的内容。

9）防雷保护

电气/电子系统线束易受雷击的影响，无论是直接效应（结构熔化、冲击波等），还是瞬态和耦合的间接影响。高暴露区域的电线防雷可能包括如下内容：

（1）增加金属丝编织或屏蔽。

（2）安装铝制防护罩。

（3）安装外围接地支架。

10）危险接线安装区域

以下区域内的接线安装需要额外的保护。

（1）控制电缆。设计目标要求所有布线至少距离电缆 1.5 英寸。

（2）热风管道。在热风管道区域内布线的任何布线必须用导管，高温套管或导热板保护。

（3）燃油和液压管道。接线应距此类管道至少 6 英寸。主要目的是防止可能导致电弧放电的摩擦并最终为火灾提供点火源。

液压管路附近接线设计要求的错误实施结果。火灾是由于错误布线和夹紧的电线引起的，该电线用于为加热的厨房推车提供动力。安装允许电线磨损并磨损液压管路。电线还在高压液压管路中引起小的泄漏（由于磨损）。最后电线导致由液压流体引起的火焰。

（4）油箱安装。目前的燃料箱设计允许在燃料箱内的电容型燃料探针的开放式电线和开放式终端。该系统的互联燃料探头接线传导极低的信号，因此不被认为是点火源。传导 AC 和 DC 电源的燃料箱内的接线（即燃料泵和浮子开关）需要在刚性金属导管内布线。

a. 开发。有几种工具在布线设计和安装方面非常有用。

b. 小样。在设计的概念阶段，通常会出现可行性问题。当涉及其他工程小组时，建议使用模型（通常是木材）。

c. 开发夹具。开发夹具（DF）是飞机部分的全部或部分的全尺寸表示。它特别适用于管道、电线、电缆和橡皮布等部件的安装开发。

DF 在所有涉及开发部件完整性的点上都是尺寸精确的。可以对某些部件或组件进行模拟，以确定与正在开发的产品相关的正确安装、路由、清除或类似的标准。

DF 的制造由工作放行令授权，由工具指令记录，并由计划小组发布的制造指令和预先装配大纲构建。DF 制造和装配的所有阶段都受到质量保证的监视和批准。

DF 的用途如下：

a）电线组件开发。

b）系统开发。

c）装配序列可见性。

d）可维护性。

e）安装工具。

f）生产证明。

g）电子设计集成。

11）电线组件开发

当影响电气设计工程的最新设计变更时，由于缺乏协调而导致电线组件开发周期时间的所有工程工作都被浪费了。

当发生重大影响时，开发过程将以公司的额外成本重复进行。

电线组件开发周期详细说明如下：

（1）电线安装和电线组装工程师准备高级开发工程订单（ADEO），然后使用 ADEO 将图纸发布到系统。

（2）开发计划问题设计签名批准/FAB 大纲以开发电线组件。

（3）开发计划问题反映电线路由的 ADEO。

（4）完成已开发的电线组件、工程、开发和检验标志和日期批准。然后，将线组件从用于夹具板/工具的 DF 上移除。

（5）完成开发后，ADEO 粉红色图纸将返回工程部门，然后准备生产图纸以供发布。

12）电子设计集成（EDI）

计算机辅助设计（CAD）或电子数据文件（EDF）是三维电子存储的数学模型。EDF 提供电子线开发所需的所有功能。

7.5.3 机械

1）概论

本节介绍机械设计和安装注意事项，重点介绍工程功能之间的接口和协调。本节涉及的机械系统包括飞行控制、液压系统、起落架，以及水和废物系统。一些接口和/或要求数据来自空气动力学、自动飞行、接近与位置指示、结构接口、人为因素和飞机不动产考虑因素或与之相关。

2）飞行控制

当今飞行控制系统的基本构建模块包括驾驶舱内的机械输入装置，用于传递飞行员输入运动的闭环电缆系统，以及操作液压阀或控制表面标签的输出机构。这些控制器控制飞机的各种飞行翼面。

随着我们增加的功能以满足不断增长的安全要求，更苛刻的性能要求和减少的飞行员工作量，这些机械系统变得越来越复杂。

（1）飞控线。

值得注意的是，随着电传操纵飞行控制系统在商用运输机中得到广泛应用，飞行控制的定义和描述也在不断变化。目前的飞线控制系统需要极其精确的输入设备，这对机械系统设计师提出了特殊的挑战。

与流行的看法相反，电传操纵通常不会减轻质量；它通常更重。此外，电传操纵并不会自动更安全。安全性通常与系统架构有关。电传操纵的价值在于使用电子元件更容易实现良好的系统架构。控制系统的优点和缺点如表7-3所示。

表7-3　控制系统的优点和缺点

控制系统	优点	缺点
线控控制	(1) 可以定制高保真度以满足空气动力学要求。 (2) 最小的装配：缩短生产时间跨度。 (3) 在使用寿命期间性能最低	(1) 关键表面非常昂贵。 (2) 降低典型架构的调度可靠性
机械控制	(1) 低成本。 (2) 高调度可靠性	(1) 耗时的装配。 (2) 钻机检查之间性能下降。 (3) 难以满足严格的空气动力学要求

(2) 设计要求。

许多基本系统性能要求由空气动力学和航空电子部门设定，要求如下：

a. 粘贴位置与表面位置。

b. 人工负载感觉要求。

c. 系统刚度和频率响应。

FAA、欧洲联合航空局（JAA）和 CAAC 还设定了许多基本的安全和操作要求。FAR 25.671 和 25.1309 涉及单一故障和与危险等级相关的多次故障的概率。FAR 25.779 和 25.781 涉及控制杆和旋钮的形状，颜色和运动要求。

FAR 25.671 一般

a. 每个控制和控制系统必须以简单、顺畅、积极和适合其功能的方式运作。

b. 每个飞行控制系统的每个元件必须设计，或区别和永久标记，以最大限度地减少可能导致系统故障的错误装配的可能性。

c. 必须通过分析，测试或两者显示飞机，以便在飞行控制系统和表面发生以下任何故障或干扰后能够继续安全飞行和着陆（包括纵倾、升力、阻力和感觉系统）在正常飞行范围内，不需要特殊的驾驶技能或力量。可能的故障必须对控制系统的操作只有很小的影响，并且必须能够被飞行员轻易解决。

① 任何单一故障，不包括干扰［如机械元件的断开或故障，或液压元件的结构故障（如制动器、控制阀芯壳体和阀门）］。

② 任何未显示极不可能的故障组合，不包括干扰（如双电气或液压系统故障，或任何单一故障与任何可能的液压或电气故障相结合）。

③ 在起飞、爬升、巡航、正常转弯、下降和着陆期间通常遇到的控制位置中的任何卡纸，除非卡纸显示极不可能或可以减轻。如果这种失控和随后的堵塞不是非常不可能的话，必须考虑飞行控制到不利位置和堵塞的失控。

d. 飞机必须设计成在所有发动机都发生故障时才能控制。如果该方法已被证明是可靠的，则可通过分析显示符合此要求。

较低的钻机负载可以最大限度地减少摩擦，但是当飞机冷浸时，过低的钻机负载可能会导致电缆松弛。冷浸是一种物体吸收（浸泡）冷环境或静态温度的条件。热浸指吸收热的环境温度。低装置负载也会导致系统响应降低。当电缆穿过弯曲明显的飞机区域（如机翼）时，将电缆布置成靠近中性弯曲轴是非常重要的，以便将由弯曲引起的对控制系统的任何输入降到最低。

电缆系统设计中的另一个考虑因素是装配电缆系统中存储的能量。如果其中一根电缆发生故障，则相反的电缆会因为装载而导致其偏转。这种缩短会导致控制阀的输入，从而迫使飞行表面和其他设备出问题。

在电缆布线中一个最近受到关注的常见做法是使用大型的多滑轮托架，其中几个不同系统的滑轮共享一个公共的滑轮托架。这种做法可以最大限度地减少控制系统的质量和成本，但如果支架出现故障，可能会导致多个系统丢失。

（3）机制。

机构设计和安装是飞行控制系统设计的第二个主要领域。这些机制需要比有线系统更具创造性的设计方法，并且有一些自己的重要设计指南。这些机制满足用于从飞行员输入设备到覆盖和负载感应机制的所有要求，这些机制是满足安全要求所必需的。在机构设计中，零件的极限强度很少受到关注，因为刚度/挠度要求通常会决定零件的尺寸。还必须设计机制以最小化所使用的部件数量。这不仅可以最大限度地降低成本，还可以减少必须考虑的故障条件。控制系统设计中的一个非常重要的考虑因素是机械和电缆，是防止干扰。这通常是控制系统最严重的故障条件之一，因为它通常会导致表面凹陷。当飞行控制表面完全伸展并停留在那里时，急剧偏转失控是一种条件。飞行控制系统必须设计成能够防止干扰，并且还必须具有超控和断开连接，以最大限度地减少或消除卡住系统的影响。

（4）接口注意事项。

在设计与机械控制系统接口的系统时，必须考虑自由游隙和偏转。这在自动飞行系统与飞行控制系统的接口中至关重要。飞行控制系统不提供完美的地面（锚）点并且在负载下会偏转。当试图限制偏转时，必须考虑结构界面。如果将其安装到柔性结构面板上，那么在设计具有最小间隙的刚性机构时要特别小心是没用的。飞行控制系统设计者必须与他的结构对应物协调，以确保安装表面适当加强。FAA 要求对所有新飞机进行松弛的电缆测试。该测试包括驱动控制系统急剧偏转失控，然后手动拉动松弛返回电缆并试图将其挂在任何周围的结构或组件上。在靠近控制电缆布线和安装组件时，必须考虑此测试。飞行控制系统的功能要求通常由其他组设定：空气动力学和航空电子设备是主要要求的驱动因素。需要仔细分析这些要求并与飞行控制设计师协调。要求越严格和复杂，控制系统就越困难和昂贵。通常没有详细定义要求的区域是故障后的性能问题。这个领域需要比过去更受关注。随着我们飞机的性能和系统复杂性的增加，必须仔细考虑导致控制系统性能下降的某些故障后的性能问题。飞行控制系统设计始终是性能和复杂性之间的平衡——系统设计者和需求创建者之间的适当协调至关重要。

3）液压系统

随着飞机质量，尺寸和速度的增加，飞行控制翼面驱动需要强大，高效且高度可靠的动力源。在今天的飞机中，液压动力系统已被广泛接受用于翼面驱动（以及需要来自小型轻型制动器的高输出力的其他应用）。液压动力的一些优点如下：

（1）大功率输出。

（2）最小的重量和空间。

（3）高效的功率放大。

（4）平稳，无振动的功率输出。

（5）受负载变化影响很小。

（6）液压油带走不必要的热量。

（7）液压油作为润滑剂，延长了部件的使用寿命。

对于液压系统要考虑如下内容：

（1）设计要求。由于液压驱动器通常是飞行控制系统和控制表面（副翼，襟翼等）之间的最终连接，因此液压系统受制于飞行控制系统的许多相同要求。翼面速率和力的空气动力学要求用于确定液压系统的尺寸。速率是飞行控制表面改变位置的速度。只有掌握所有液压元件的力和流量以及必须能够同时操作哪些部件的信息之后，液压系统泵才能适当地确定尺寸。FAR 25.1309、AC 20-128 和其他上述文件适用于液压系统，就像飞行控制一样。液压系统也有规定，该规定要求单个故障不会导致多于一个液压系统的失灵。如果发生故障，就必须将飞行控制翼面正确分配给冗余液压系统。

（2）细节设计考虑因素。液压系统由几种不同类型的部件组成，这些部件相结合可形成完整的驱动系统。

（3）液压泵。泵是加压液压油以完成工作的来源。泵通常由飞机发动机，电动机或其他液压系统驱动。泵的选择决定了系统的正常工作压力和流量特性。目前，3 000 psi① 系统是标准配置。然而，目前正在开发的是 4 000 psi，甚至高达 6 000 psi 的系统。为了使效率最大化，大多数当前的液压泵是压力补偿的可变输送类型，即当压力接近正常系统操作压力时，它们减小输出流量。

（4）液压油储存器。储存器存储额外的液压流体供应，以解决制动气缸的不同容积，蓄能器容积，流体的热膨胀和收缩，以及维修间隔之间的系统泄漏。由于 Skydrol（特种液压工作油）的重量约为 9 磅/加仑，因此最小油藏尺寸是考虑因素。储存器还设计用于最小化流体发泡并确保泵入口的正压力。

（5）蓄能器。蓄能器用于存储加压流体，可用于在窥视和需求期间补充泵输出，并在泵不工作时提供液压动力。

蓄能器还可用于抑制由高流速系统中的快速阀门关闭引起的压力峰值。

（6）阀门。控制阀是控制装置，其接收输入命令（引导输入）并将流体

---

① psi（pounds per square inch）磅/平方英寸，是一种计量单位，1 标准大气压（atm）= 14.696 磅/平方英寸（psi）。

输送到输出装置（汽缸或电动机）的适当腔室。输入命令通常是机械或电气（螺线管或电动机操作）。

（7）输出设备。这些装置通常是线性驱动器/气缸或旋转致动器/马达。力输出约等于压差乘以横截面积。

（8）液压管道。管道系统用于将飞机周围的流体传输到所有不同的部件。由于制动器的最大力是设计目标，因此管道设计是与小直径管道相关的大压降与较大直径管道的重量增加和附加流体重量之间的折中。为了防止由于单一故障而损失多个液压系统，最新的发动机转子爆破要求在液压系统布局中提出了许多挑战。精心的系统分离和布线是液压系统布局的首要任务。由于液压油的损失是一个主要的安全问题，适当的部件位置和管道布局至关重要，因此必须仔细考虑。液压保险丝和截止阀仅用作防止液压油损失的辅助方法。

（9）接口系统注意事项。在液压元件附近设计或布线系统时，有如下两个主要问题：

a. Skydrol* 是一种腐蚀性很强的液体；它会攻击并摧毁许多金属和非金属物质。Skydrol 是飞机中使用的液压油的品牌名称。在液压元件附近使用耐 Skydrol 材料非常重要。即使液压系统泄漏很少，使用中的部件更换通常会导致 Skydrol 泄漏。

b. 高势能存储在液压系统内。在所有组件上施加 3000 psi 压力时，如果组件发生故障，可释放大量能量。系统设计人员必须将此类故障视为区域分析和事件评估的一部分，同时将组件放置在液压系统组件附近。

与飞行控制系统一样，液压系统要求受到飞机空气动力学要求的强烈影响。准确的空气动力负载信息对于正确调整液压执行器的尺寸至关重要。如果负载高于预期，系统将无法满足速率和行程要求。如果负载低于预期，则执行器将比必要的更重且更大。指定最低要求对液压系统设计者和飞行控制系统设计师同样重要。要求越严格，成本越高。最后，由于制动器在结构上施加很大的力，因此必须与结构设计者进行仔细协调。结构挠度是一个主要问题，必须与结构设计师一起协调最大载荷。

4）起落架

飞机的起落架由起落架，轮子，轮胎和制动器组成。这些组件的目的如下：

（1）允许飞机在地面上滑行。

（2）并且在着陆时吸收飞机动能的垂直分量。

（3）提供延迟飞机前进运动的方法。

与今天的大型运输机相关的着陆和制动能量是巨大的。他们为起落架设计者提供了一个重大的挑战。很明显，考虑到所涉及的载荷和能量，起落架及其安装结构必须非常坚固。由于这个原因，主齿轮通常安装在非常接近机翼后翼梁。齿轮驱动机构的设计必须尽可能减少在所有飞机重量和速度下无意中发生的齿轮扩张和收缩的可能性。

（1）设计要求。除了前面提到的 FAR 25.1309，以下 FAA 规定适用于起落架：

a. FAR 25.721 要求在向后过载时齿轮必须脱离，而不会造成多余的燃油溢出，从而造成严重的火灾危险。

b. FAR 25.729 要求齿轮必须牢固地锁定在伸出位置。此外，必须提供一种替代的延伸装置，在任何合理可能的故障或任何单一的液压，电气或等效能量供应故障之后，该装置将延长齿轮。

DC－10 和 MD－11 飞机制造史在部署起落架方面从不失手！

c. FAR 25.111 要求起飞后的起落架缩回必须足够快，以使飞机满足起飞路径的最小高度要求。

确定起落架布局的两个主要功能要求是路面装载和轮胎摩擦。随着飞机重量的增加，路面荷载（路面上的重量分布）已成为确定起落架布局的主要因素。用于确定路面载荷的主要参数是飞机重量、轮胎数量、轮胎尺寸和轮胎布局（每个轮胎相对于其他轮胎的位置）。轮胎摩擦是起落架布局的另一个主要问题。随着越来越多的轮胎满足路面载荷要求，沿 Y 轴的相对间距（飞机的长度）增加，导致轮胎在飞机转弯时侧向擦拭。

轮胎摩擦不仅会导致过度磨损，还会增加支柱密封磨损，支柱弯曲以及牵引或滑行飞机所需的力。在极端情况下，主起落架必须设计成与前起落架一起转向以侧偏轮胎摩擦最小化。

（2）细节设计考虑因素。由于施加在起落架上的巨大载荷，使具有无限疲劳寿命齿轮导致太大的重量损失。出于这个原因，许多齿轮部件是"寿命有限的"部件，这意味着它们必须在特定的循环次数下更换。

这些相同的部件通常由对疲劳裂纹敏感强度非常高的钢制成。因此，在设计和制造部件时必须非常小心，尽量减少应力集中。由于起落架部件的高成本和大尺寸，它们通常设计有额外的材料和超大的凸台。这使航空公司能够修复轻微磨损、损坏或腐蚀的零件。这些设计导致部件稍重，但是腐蚀或损坏都在轻微范围内，航空公司不必更换昂贵的部件。

（3）接口系统注意事项。车轮/轮胎/制动器组件代表高能量的高温源，当其缩回到车轮井中时，对周围系统造成重大危险。在车轮内部布置组件时，必须考虑轮胎和车轮故障。轮舱内的其他损坏可能是由跑道上的异物碎片被轮胎抛出并进入轮舱造成的。如前所述，起落架与结构的结构连接是至关重要的，并且结构必须设计成使偏转最小化。防滑系统还必须仔细设计，以便不在起落架内产生共振频率。如果不能避免共振频率，那么起落架伸展和缩回是对液压泵的最大要求之一。

起落架指示是目前正在审查各项要求的领域。在过去，主要的指示是通过驾驶舱的指示灯，次要的指示是通过主舱内的观察管，让机组人员能够直观地确定起落架的位置。随着大型运输机中工作人员的出现，认证机构一直不愿让机组人员离开驾驶舱来验证档位。目前的趋势是朝向更可靠的电子指示系统，没有机械备份和/或远程视频。

5）水和废弃物

如本书所述，饮用水是指符合美国公共卫生署（USPHS）饮用水标准要求的水。饮用水用于饮用、洗手、清洗食物和真空废物厕所的冲洗。废水通常分为两类：灰水和黑水。灰水是从厕所、厨房水槽和饮水机排出的水。在某些安装中，它通过加热排水桅杆排放到窗外。黑水是用于冲洗马桶的水，并与废物箱中的其他废物一起收集，以便在飞机的地面维修期间进行处理。

关于设计要求和考虑因素如下：

（1）饮用水。必须在飞机交付之前获得USPHS对飞机饮用水系统的批准。此批准表示系统符合USPHS设计要求，并且已经过适当的消毒和维修。

饮用水和废水箱的尺寸是基于乘客数量和飞机飞行的最长持续时间（每

位乘客约为每小时 0.045 加仑）设计的。

通常确定水压要求，以使在冲洗期间能够提供最大的马桶清洁用水。对飞机上的卫生间数量没有要求，但一般的经验法则是每 40 名乘客使用一个卫生间。饮用水系统的设计必须能够完全排干，并且水箱必须能够进行清洁。

（2）废水。在现代飞机中，常用的两种类型的马桶/废物系统是再循环型系统和真空废物系统。真空废物系统通常比再循环型系统更轻，但更昂贵。饮用水和废水系统必须设计成在飞行期间和飞机停放在地面时防止冻结。当然，腐蚀是水和废物系统的主要问题。因此，必须非常谨慎地选择材料。一些较常用的材料是不锈钢、塑料和复合材料。

6）接口系统设计

对于整个飞机的管道，设备的防腐蚀保护至关重要。一个关键的关注领域是 CAC 的电力中心。水/废水小组与室内设计小组合作，以最大限度地减少或消除该区域的管道。在无法消除管道的情况下，应对管道线进行遮盖，并安装水坝以将水从关键区域转移出去。地板也是密封的，以防止溢出的液体渗透地板。然而，即使采取这些预防措施，系统设计人员也应该意识到会发生液体溢出/泄漏的问题，因此在设计和安装过程中应予以考虑。对于真空废物系统，必须在铺设设计中考虑冲洗马桶时产生的压差。在外壳中必须有足够的通风口。

7.6 电力系统

飞机上几乎所有的系统都使用一定容量的电力。由于飞机电气设计固有的复杂性，因此必须在设计过程的早期解决电力问题。通常，电力系统规范的测试仅在 LRU/组件级别进行，而不是在整个系统级别进行。因此，在以后的系统测试阶段中会出现不同的问题。这些问题是由于在电力规范要求中缺乏系统级方法而引起的，其中一些问题在本章后面进行了说明。

对电力系统及其在不同条件下的运行有一个基本的了解，将有助于在供应商测试和随后的系统测试中改进控制。

这种理解也可以应用于其他设计考虑，如高强度辐射场（HIRF）和其他瞬态对整个系统的电能质量和容差的影响。

在本章中,将涉及以下领域:

(1)电源和配电结构。

(2)电能质量和操作模式。

(3)设计注意事项。

7.6.1 电源和配电结构

飞机动力的正常来源始于每个发动机中的发电机,其将机械动力转换成电力。此外,当飞机接地时,辅助动力装置为飞机提供电力,以及为发动机提供空气。根据飞机的功率要求,这些发电机可以产生交流或直流电。

通常,用于主发电系统的商用飞机标准是三相、115 V 交流电、400 Hz。这种高频率的主要原因是减轻设备的重量和尺寸,400 Hz 不需要在 50 或 60 Hz 设备上看到的巨大变压器,过滤更简单。一些军用飞机使用 270 V 直流电。空间站将使用 20 000 Hz 的系统,较小的飞机不需要超过 28 V 直流电系统。

7.6.2 发电类型

基本上,有两种类型的发电系统用于主电源。

1)恒速驱动(CSD)/发电机

这些发电机类型中的第一种使用机械装置,通过液压机械装置将发动机的可变速度转换成恒定速度。三相发电机耦合到 CSD 并产生恒定的 400 Hz 电功率。直到最近,这是获得 115 V 交流电,三相稳定 400 Hz 的唯一可行方法。

该 CSD/发生器的发展是集成驱动发生器,它将这两个功能组合成一个组件。

2)变速恒频(VSCF)

固态高功率电子设备的进步使得可以使用另一种类型的初级发电:VSCF。VSCF 系统不是将可变发动机转速转换为恒定转数以驱动发电机,而是使用发电机产生功率,可变频率通过电子转换转换为所需的 400 Hz。与飞机相关联的发电机的数量是飞机具有的发动机数量的函数。用于每个发电机的电力分配系统被配置为允许每个发电机为其自己的配电系统供电,该配电系统被称为发电通道。多个生成通道允许我们构建冗余电源系统并适当地分配负载。

7.6.3　紧急发电

当主电源发生故障时，备用电源会自动接管或通过手动启动。

提供不同形式的备用电源：

（1）静电源，如电池、电容器、太阳能电池、原子堆。

（2）动力源，如发电机、风车、水力发电机等。

7.6.4　电力总线结构

1）交流电源总线

每个生成通道都有一个称为交流电源总线的主配电点。交流发电机总线的电源分配给各个交流母线。整流器单元（用于产生直流电源）直接连接到交流发电机总线。否则，LRU 连接到辅助交流电源总线。总线是发送或接收数据或电力的电路。

为了保证馈线的正确尺寸，必须向配线系统组织提供准确的信息。

不准确的电力需求信息可能导致：

（1）在峰值功率使用期间，在 LRU 上提供低于所需电压值的布线安装不当（如果实际功率要求大于规定值，如果电压骤降足够严重，可能会发生设备故障）。

（2）如果实际功率要求低于规定值，则布线安装中的质量超重。

2）直流电源总线

通过将交流电源转换为 28 V 直流电来获得飞机 28 V 直流电需求的供应。这是通过使用连接到交流发电机总线的变压器整流器实现的。通常，每个主发电机安装一个或多个这些单元以提供所需的电力需求和冗余。合成的直流电称为主直流电源。

7.6.5　并行系统

可以将多个发电机配置为并联运行，这意味着发电机的功率输出连接在一起。使用这种方法，将不会注意到一个发电机的失灵，并且负载将继续由剩余的发电机供电。

出于可靠性目的，分离并行配置通常是最佳方法。例如，四引擎飞机可以有两个独立的发电机系统，每个发电机系统有两个并联的发电机。然后可以采用连接总线继电器在特殊系统条件下隔离四个发电通道中的每一个。在大多数正常飞行操作期间，所有三个生成通道并联连接。两个例外如下：①在地面运行期间，只有那些必要的系统和总线上电；②在自动着陆期间，发电机总线被隔离以获得最大的安全性和可靠性。

7.6.6　冗余负载和电源

在整个设计过程中，需要为所有系统维护电源分离原理。在为电源总线分配负载时，请记住以下几点：

（1）冗余负载需要连接到冗余电源。

（2）在将这些负载分配给总线时，必须考虑冗余负载的严重性。

（3）关键或基本冗余负载通常连接到不同的生成通道。对于不重要或必不可少的冗余负载，可以使用同一生成通道内的两个不同的交流电源总线。

7.6.7　重要事实

了解正常、异常和紧急操作模式的交流和直流电源质量规范对系统/设计工程师而言非常重要。

ARINC 413A 定义了这些电力系统的运行模式如下：

（1）正常：主电力系统的正常运行是飞机运行、飞机任务和电力系统控制连续性所需的所有功能性电力系统操作。这些操作在飞行准备、起飞、空中状况、着陆和锚定期间的任何给定时刻和任何次数都会发生。这种操作的示例是利用设备负载的切换、发动机速度变化、总线切换和同步，以及电源的并联。利用设备负载的切换是一种系统操作，其发生次数最多。

（2）异常：电气系统的异常操作是意外但瞬间失去对电气系统的控制。异常操作的启动动作是不受控制的，并且不会预期其发生的确切时刻。但是，从此操作中恢复是受控制的操作。这种操作可能在飞行期间发生一次，或者由于设备故障时发生或在飞机使用寿命期间可能永远不会发生。异常操作的一个例子是对飞机结构的电力故障及其随后通过故障保护装置的清除。异常限制适应主要发电系统中的保护设备的跳闸带。除了瞬时失控外，异常操作还可以包括在正常控制范围之外的稳态操作，但是在系统的过压/欠压保护跳闸限制内。

（3）紧急情况：紧急操作定义为当主电力系统无法提供足够或适当的电力时飞行期间电力系统的状况，因此需要使用有限的独立应急电源。

地面运行电力传输、起飞、巡航、下降与着陆、自动着陆，都是正常运行的例子，其中电源质量稳定并且所有电源开关操作都按预期执行。

异常操作通常与配电系统中的故障，电源的损失和设备故障相关联。

在紧急运行中，当主要电源出现故障时，我们依靠应急电源来维护关键和必要的设备。

在全引擎输出中，需要以下功能才能运行：

（1）驾驶舱和驾驶舱照明。

（2）海拔指示。

（3）态度指示。

（4）表示空速。

（5）方向。

（6）发动机指示。

（7）发动机点火。

（8）发动机燃油控制。

（9）乘客位置。

（10）甚高频无线电。

（11）火灾探测。

（12）灭火剂排放。

（13）继续安全飞行和着陆所需的其他功能。

在全发电机输出和水上延伸紧急情况下，所有上述功能以及如下功能必须是可操作的：

a. 导航和着陆指导。

b. 高频无线电。

c. 空中交通管制（ATC）——转发器。

d. 燃油泵。

在发生正常电力失灵后，手动或自动接通应急电源。用于应急电源的设备必须设计成能够处理长期电源中断，安全上电，并立即开始执行其功能

7.6.8 交流/直流电源质量

对于电力系统，操作模式分类围绕电源质量的变化状态，特别是在不同条件下在电源中发现（或未发现）的稳态和瞬态特性。

1）稳定

（1）电路值保持基本恒定的条件，在所有初始瞬态或波动条件稳定后发生。

（2）用于指定浪涌电流完成后通过负载或电路的电流的术语。稳定的运行条件。

2）瞬态

（1）信号或电源线的瞬间浪涌。它可能产生错误信号或触发脉冲并导致绝缘或元件故障和故障。

（2）在达到稳态条件之前存在一段时间的信号。

7.6.9 各种运行模式电源质量

1）正常运行电源质量

（1）稳态特性：稳态特性基于电力系统调节到标称频率和电压值的能力。

（2）瞬态特性：瞬态通常由负载切换引起，但也可能由雷击和其他外部环境因素引起。对于正常操作，瞬态特性基于电力系统返回标称频率和电压值的能力。瞬变不应导致记忆丢失或系统切换发生，这将导致飞行机组人员重新执行飞行前动作，或采取纠正措施将系统恢复到正常操作模式。在查看正常操作的瞬态特性时，重要的是要了解飞机上常见的两种不同类型的开关逻辑。这两种切换方法产生不同的瞬态特性。第一个开关逻辑是断电转换，正如其名称所暗示的那样，它会导致电源瞬间中断。第二个是无中断功率传输逻辑。顾名思义，通过暂时将两个电源同时放置在线路上，在整个切换过程中保持功率。

2）异常运行电源质量

（1）稳态特性：异常稳态特性基于电力系统对电压和频率的保护跳闸限制。

在异常操作中，电压调节组件可能会发生故障，导致电压或频率超过正常的稳态限制，但不会超过保护跳闸限制。

（2）瞬态特性：对于异常操作，瞬态限制基于使瞬态保护电路跳闸的故障。这包括电力系统组件、配电系统或利用设备的故障。

3）紧急运行电源质量

紧急操作功率质量仅由稳态特性定义。瞬态特性与异常操作保持一致。用于紧急操作的稳态特性基于电力系统调节到标称频率和电压的能力。除了稳态交流电压限制之外，由于与应急电源相关的调节范围更大，与紧急情况相关的限制在比正常操作更大的容差范围内变化。

7.7 电磁效应

本节介绍了控制飞机和设备电磁效应的重要设计考虑因素。这些设计技巧以基本形式呈现，强调每个设计的重要性。在现实世界中，应该使用这些技术的各种组合。

7.7.1 设计级别

考虑两个设计级别：飞机级和设备级。

1）飞机级

飞机级设计可以分为两类：

（1）通常控制电磁效应。

（2）控制由于 HIRF 和闪电造成的影响。

2）设备级

根据信号特征、工作频率等，执行完全不同功能的两种设备可能会相互干扰。

实现电磁兼容（EMC）的最重要因素之一是电气和电子设备外壳与导电

机身的连接和接地。

最有效的终端是编织层和连接器背壳之间的 360° 外围连接。外围端接配置可确保低阻抗电气连接，因此可将电磁耦合降至最低。

在飞机上使用复合结构来减轻重量已经变得越来越普遍。除了孔径效应外，复合材料在飞机某些区域的使用还会导致其他耦合问题。具体而言，如果碳复合结构位于飞机蒙皮上，则材料的部分电导率可允许电流流过。但是，由于其高电阻，结构上产生的电压降可能很大。该电压可以在复合材料结构下安装的电缆束上产生类似的电压。如果由于复合材料的使用导致潜在电压过高而无法通过认证，则需要额外的保护。保护技术可以包含在布线（如屏蔽）上或复合材料上（如金属化）。这样的保护可以抵消首先使用复合材料所节省的质量，甚至可以增加质量，如果结构是金属的话会增加质量。

当飞机遭遇雷击时，电流流过机身。通常，许多结构构件构成电流的电路径。设计师应确保用于连接这些部件（如紧固件）的方法能够正确完成电气通路。否则，会发生元件之间气隙的电离，可能会产生电弧并损坏材料。还必须确保连接结构构件的方法可以承受雷电流。否则，可能会损坏部件的接口。

随着飞机采用更多电子部件并更多地使用非金属结构材料，系统变得更容易受到电磁场和与雷击相关的瞬间电涌的影响。因此，认证要求越来越严格，而这一领域的标准仍在不断发展。因此，认证工程师必须对某些问题保持警惕：①内部和外部环境；②资格和认证；③设计技巧；④何时访问您友好的EMC 避雷工程师。

7.7.2 考虑因素

在飞机设计中，我们考虑电磁环境的三个不同元素。

（1）电磁干扰和兼容性。电磁干扰（EMI）指系统或系统的电磁辐射。EMC 指飞机上没有任何部件产生电或磁效应，导致其他部件无法正常工作的情况。

（2）HIRF。高强度辐射场是指高功率发射机产生的电磁环境，如美国之音。这些领域可能非常强大，并且存在潜在的不利影响。

（3）闪电。飞机的雷击经常发生。罢工期间强电流流过机身。这些电流会损坏外部结构，并在电气/电子系统布线中造成瞬变。瞬态电流可以流过飞机。因此，所有结构和安全相关的电气/电子系统必须得到适当的保护。

在处理飞机的电磁环境时，需要考虑两个区域：外部和内部区域。

外部电磁环境由两部分组成：HIRF 和闪电。

内部电磁环境可分为四个部分：

（1）系统间：系统之间存在排放。

（2）内部系统：单个系统或组件内部的辐射。

（3）HIRF 诱导：暴露于 HIRF 外部环境造成的干扰。

（4）内部闪电瞬态：由雷击引起的瞬变。

7.7.3 FAA/JAA 通用认证/认证要求

以下是基本的实用说明。

1）EMC

必须安装电气设备，控制装置和接线，以便任何一个单元或系统单元的操作不会对任何其他至关重要的电气单元或系统的安全在同时操作时产生不利影响。

2）HIRF

执行关键和基本功能的系统必须在暴露于 HIRF 环境期间和之后安全运行。

3）闪电

一架飞机在被击中后必须能够继续飞行并安全着陆：

（1）燃油蒸汽不得存在受到雷击引起的潜在火源。

（2）执行关键功能的系统必须在雷击期间和雷电之后安全运行。

（3）执行基本功能的系统必须在雷击后安全运行。

（4）结构构件的损坏不得影响飞行安全。

美国汽车工程师协会（SAE）委员会多年来一直致力于 HIRF 认证的要求。拟议的环境和要求仍在不断发展。

SAE 咨询通告草案概述了一些需遵守的要求：

（1）在航空器暴露期间，必须保持电气和电子系统的适当（安全）操作。

（2）关键系统必须针对恶劣的环境进行评估。

（3）基本系统必须根据正常的环境进行评估。

飞机燃油系统是最关键的雷电保护问题之一。本附录提出了重要的设计考虑，以尽量减少雷击的影响。

4）阻火器

阻火器的存在是为了防止火灾；它们确保飞机在雷击期间不被点燃。但是，如果使用它们，那么阻火器的最佳位置应位于通风出口管的稳压罐端。

5）结构接头

结构接头可能会产生电弧。这种雷电弧可能仍然附着在单个铆钉或紧固件上。当发生这种情况时，电弧可以熔化铆钉或紧固件以及周围的表面，从而可以点燃燃料蒸气。在整体式罐体接头的设计阶段，应考虑以下保护准则：

（1）保持紧固件中的电流密度低。这可以通过使用尽可能大的紧固件来实现，以最大化紧固件和接合表面之间的接触面积。

（2）如果允许多个紧固件共享当前路径，则可以减少或消除电弧。在电流路径中有大量紧固件时，任何一个紧固件中的电流将会较低。尽管如此，重要的是要注意，电流不会平均分配，因为随着与连接点的距离增加，整个雷电流密度将会减小。

（3）作为备份措施，每个 DPS 涂层接头和紧固件使用油箱涂层和密封剂应对可能发生的任何电弧或火花。

一种改进的雷电保护设计是在接口处使用良好的电气接合。这种黏合可以通过根据 DPS 1.834‑25 处理表面和/或通过铆钉或紧固件提供裸露的金属对金属接触来完成。最佳设计是通过在飞机蒙皮和燃油箱壁之间插入一段非导电管道，打破目前通往燃油箱的路径。这迫使所有的电流在飞机蒙皮上流动，从而消除了在油箱接口处产生火花的可能性。

6）检修门

为防止雷击产生火花，检修门应包含以下设计特点：

（1）避免门和门之间的金属接口，暴露在燃料蒸汽中。

（2）在接口垫片和周围皮肤之间提供足够的电流传导路径，远离燃油蒸气。

（3）将密封剂涂抹在其他可能的电弧或火花源上，以防止与燃油蒸气接触。

7）管道和联轴器

管道接头中的配合表面通常是阳极氧化涂层。这些阳极氧化表面似乎可以防止跨过管道接口发生电弧放电。然而，该表面之间的相对运动会穿过涂层并形成可能导致电弧放电的不良导电路径。

电气连接带或跳线通常安装在导管接头上。这些绑定跳线可以适用于静电放电，但不应该依赖它们来防止由于雷电流引起的火花。

联轴器和管道接口处的电弧和火花问题的一个解决方案是将不导电的隔离链接插入这些线路中。这种方法可以消除作为载流路径的线路。目前，已经设计和测试了一些联轴器，以验证它们可以承受高达数千安培的电流。这些联轴器应该足够用于大多数金属罐。

7.8 飞行机组系统接口

系统工程师做出许多影响驾驶舱人员的设计决策。从早期开始，人们对机组成员、驾驶舱和系统之间的接口有很多了解，并将大部分内容纳入了波音777。随着飞机设计变得越来越复杂，系统工程师细致考虑系统的机组界面变得越来越重要，并找到使界面尽可能简单的方法。实现这一目标不仅需要细致的界面设计，而且通常更重要的是要有谨慎的系统设计。

本节介绍了驾驶舱设计中必须考虑的一些人为因素，目的是考虑系统和飞行机组界面；同时，介绍界面目标应该是什么，以及系统如何实现目标的问题。

7.8.1 人为因素和驾驶舱进化概述

人为因素组织处理的是机组人员的身体和心理能力，特别是处理机组人员与飞机硬件、软件与飞行控制之间的接口。在物理方面，这可以分解为如下的部分伸展、力量、灵活性、视敏度和听觉能力。

1）人为因素

（1）达到。

设计的参考点是驾驶舱内的所有设计必须符合的点。该参考点的位置能够提供最佳的仪器视图和飞机机头的最佳视野，同时允许控制器的无阻碍操作。

必须根据设计的参考点设计杠杆、踏板、座椅和任何其他可调节控制装置。驾驶舱设计必须满足的尺寸是一个5英尺2英寸①（女性）和一个6英尺3英寸（男性）；两者都必须能够调整座椅和其他控件，以便她/他坐在设计的参考点内，此设计必须符合当前FAR所要求的范围。

（2）强度。

通过动力辅助控制，力度并不像手动控制那样重要。这些控制措施已使负荷降低到调整为飞行员偏好的程度，而不是依据飞行员的耐力。人为因素组设置控制的最大负载值：连续和瞬态控制输入。

设置一些负载故意提高负载的数值，以防止对飞机的结构损坏。方向舵踏板控制就是这种情况。如果方向舵很容易移动，一个简单的脚踏板会使踏板急剧移位，方向舵上的空气动力可能会使飞机上的垂直方向撕裂。因此，方向舵踏板负载可高达200磅。

（3）灵巧。

飞行员灵活性的局限性有多种形式，包括在不同条件下按下按钮的能力。对于飞行管理系统（FMS），大多数是人是在操作。

人们会说一些按钮太靠近的因素，键盘布局还有很多不足之处。键盘自20世纪70年代开始出现，许多飞行员说"不必理会它"。然而，尽管这种"不必理会它"的态度，在飞行员的工作量和低头要求的投诉列表中FMS占据了很高的位置。人为因素部门更喜欢驾驶舱内的标准按钮开关。早期的设计采用拨动开关和旋转开关。开关之间的间距和面板的结构按要求设定好，即，一组拨动开关通常比其按钮对应物需要更多的空间。

另一个需要考虑机组灵活性的领域是飞行期间飞机的稳定性。FAR设定了强制性的空气动力学稳定性要求。稳定性是指飞机在干扰后返回其先前航班的能力。间接地，这些与稳定性相关的FAR设定了机组成员的工作量要求。例如，与稳定的飞机相比，不稳定的飞机需要代表机组人员进行更多的工作以使其保持正常运行。在寻求节省燃料的过程中，当今许多飞机的空气动力学设

---

① 英寸（inch），长度计量单位，1英寸＝2.54厘米。

计在没有人工增强的情况下不会通过这些 FAR。例如，波音/MD‑11 使用人工增强来稳定飞机的俯仰。它通过使用纵向稳定性增强系统来实现所需的俯仰稳定性。

2）主观评估

库柏（Cooper-Harper）等级（见图 7‑2）是一种测量飞机飞行能力的方法。虽然这是一个公认的主观测量，但它在一致的基础上获得了令人惊讶的好结果。在撰写此文时，FAR 的稳定性要求就是库柏等级。这对系统工程师来说意味着库柏等级增加了对系统的更高可靠性的要求。

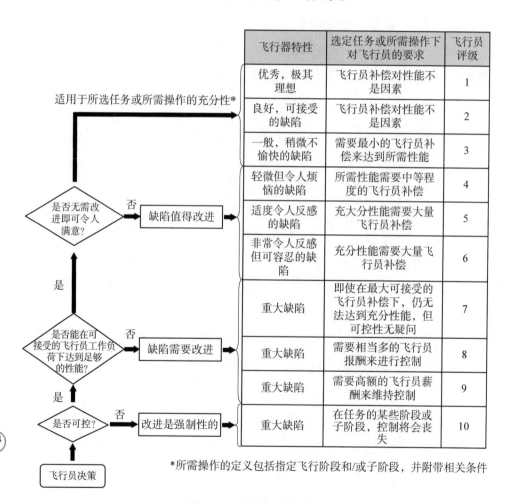

飞行器特性	选定任务或所需操作下对飞行员的要求	飞行员评级
优秀，极其理想	飞行员补偿对性能不是因素	1
良好，可接受的缺陷	飞行员补偿对性能不是因素	2
一般，稍微不愉快的缺陷	需要最小的飞行员补偿来达到所需性能	3
轻微但令人烦恼的缺陷	所需性能需要中等程度的飞行员补偿	4
适度令人反感的缺陷	充大分性能需要大量飞行员补偿	5
非常令人反感但可容忍的缺陷	充分性能需要大量飞行员补偿	6
重大缺陷	即使在最大可接受的飞行员补偿下，仍无法达到充分性能，但可控性无疑问	7
重大缺陷	需要相当多的飞行员报酬来进行控制	8
重大缺陷	需要高额的飞行员薪酬来维持控制	9
重大缺陷	在任务的某些阶段或子阶段，控制将会丧失	10

适用于所选任务或所需操作的充分性*

是否无需改进即可令人满意？ — 否 → 缺陷值得改进

是否能在可接受的飞行员工作负荷下达到足够的性能？ — 否 → 缺陷需要改进

是否可控？ — 否 → 改进是强制性的

飞行员决策

*所需操作的定义包括指定飞行阶段和/或子阶段，并附带相关条件

图 7‑2　库柏等级评定表

（1）视觉敏锐度。

视力处理使机组能够清楚地看到驾驶舱内发生了什么。位于视野边缘的事件将不会被注意到。如果绘制了视角线，超过15°的任何东西都可能很长一段时间不会被注意。MIL－STD 1472D，垂直和水平视野有更多关于视敏度的信息。

屏幕显示和面板上的字符大小必须考虑字符与设计的参考点之间的距离。屏幕的字符大小由系统显示器与机长的设计参考点的距离设置。此外，驾驶舱中使用的字符大小根据波音/MD－11上使用的三种尺寸信息的重要性而有所不同。

颜色的使用可以极大地增强区分视觉信息的能力。然而，许多人是部分色盲并且不自知，因此这限制了可以使用颜色的程度。出于这个原因，我们还在显示器中加入了各种形状以有助于视觉区分。

飞行员对显示器进行即时视觉访问的能力非常重要。在控件的放置方面已经取得了很多进步，因此它们不会遮挡显示器。

（2）听力。

听力解决了机组人员区分指向它们的各种音频消息的能力，即警告消息与无线电或内部通信消息的区别。

人为因素组还可以研究在警告中应该使用什么类型的音调以使它们更加明显，如使用女性声音、音调的变化或者可以如何强调音节。

（3）工作量分析。

通过使用任务-时间线分析来测量工作量。此分析将完成任务所花费的时间与任务可用时间进行比较。如果所有可用时间都用于完成任务，则工作负载为100%。通过在每次事件后获得飞行员评估来确定心理负荷。由于疲劳、个人事件、信息超载等原因，心理能力难以评估和定量。已经尝试将心率与精神负荷相关联，但结果是多年来一直在评估中，并且仍然没有定论。

7.8.2　预警系统

1）警告

Mil-Std 882B 系统安全计划要求，使我们在设计安全系统方面具有优先权：

（1）消除（排除）危险的设计系统。

（2）通过设计选择减少相关危害。

（3）通过安全装置和功能控制危险（降低概率）。

（4）提供警告装置。

（5）项目和培训，纠正措施。

由此我们可以推断出，如果您需要向机组人员发出警告，您的设计几乎是失败的了。通常工程师说他们必须发出警告"因为 FAR 需要警告"。事实上，这些要求适用于某些条件，您可能会发现，如果您回到系统的基本设计并重新评估它，您可以找到一种设计系统的方法，以便条件不存在，并且实际上不需要警告的。换句话说，警告通常用作解决设计后期发现问题的方法，通过更仔细地考虑整个设计可以更好地解决问题。例如，飞机上最重要的系统是结构，但有多少结构警告？由于结构设计的基础知识早在我们拥有有效的监控和测量设备之前就已经建立，结构工程师不得不设法在没有警告的情况下进行设计，否则可能会给机组人员带来压力。

2）听觉警告

飞机上大约有 34 个听觉警告，其中一些列在表 7-4 中。

表 7-4　飞机听觉警告

警告	听觉音	语音
火	铃声	发动机 1 火、发动机 2 火、发动机 3 火
超速	嗒嗒声	超速、斯拉、超速
起落架	音	起落架
起飞	音	襟翼、板条、制动器、扰流板、扰流板扩展、稳定器
机舱低压	音	飞机舱高度
自动驾驶仪断开连接	音	自动驾驶仪
运动中的水平稳定器	音	稳定器运动
海拔高度咨询	音	高度
轮胎故障	不适用（N/A）	轮胎故障
风切变	音	头部风切变、尾部风切变
最低	不适用（N/A）	最少的
接近最低限度	不适用（N/A）	接近最低限度

警告	听觉音	语音
无线电高度标注	不适用（N/A）	2 500、1 000、500、400、300、200、100 和/或 50—10 英尺
接近地面	叫喊	太低、地形、滑坡、拉起、下沉率
交通警告和避免碰撞	不适用（N/A）	监控垂直速度（2x），攀爬（3x），攀爬、越过攀爬（2x），下降（3x），下降、越过下降（2x），减少爬升（2x），减少下降（2x），增加攀爬（2x），增加下降（2x），攀登、立即爬升（2x），下降、现在下降（2x），清除冲突

请记住，这些警告通常发生在飞行员忙着试图处理由于他/她被警告的情况导致问题的时候。飞行员可能误解了这些警告中的任何一个的可能性有多大？警告的语音解释可作为选项提供，但它们的使用存在争议。

3）信息超载

飞行员不是机器。当他们忙着飞行时，他们很难处理提供给他们的过量信息。因此，我们必须有选择地向他们提供信息，即为他们提供他们需要知道的安全飞行信息。并让他们获得可以使系统高效运行的信息，但不要将其压低。如果信息与维护相关，请让他们访问该信息，但让他们知道飞行的决定权在他们手中。

4）警报要求

那么，我们已经了解了很多关于使用警报的类型：仪表仅适用于趋势信息，除非它们经常被提及；使用主警告或警告，并提供有关问题根源的明确信息。但是，为了使这一策略有效，我们必须确保我们的警报是正确的（在MD‑11的早期飞行中，在调试警报之前，许多警报出现错误，机组人员可以做的唯一一事情就是忽略它们）。

5）没有警报

经常犯的错误是使用太多警报。如果情况如下，则不应发出警报：

（1）不影响飞行的直接安全。

（2）不需要机组成员行动。

（3）未来的维护项目。

（4）一个渐进式警报（如果不修复此警报，那么将在稍后获得另一个警报）。

如果它会影响派遣，那么我们应该把它放在飞行机组在飞行前或飞行后看到的列表上。给飞行机组人员选择。我们说"飞行安全"，因为我们经常会发出警告，警告即将发生的问题（渐进警报）。飞行机组人员无法做到这一点，所以没有理由用它来打扰他们。在许多情况下，应该有这些信息维护，做这些的不应该是机组人员，他们只是需要知道这些信息的人。

6）需要警报

情况如下则应该发出警报：

（1）当需要机组人员行动时。

（2）当飞行的直接安全受到影响时。

7）维护警报

一般而言，维护警报会告知系统恶化，不应向机组人员显示。一般来说维护警报须如下所示：

（1）对于恶化的系统提出建议。

（2）不应该是派遣标准。

（3）除中央故障显示系统外，不应显示。

（4）如果情况不影响驾驶舱，则不受最低设备清单（MEL）规定的约束。

请记住，如果您向机组成员发出信息，那么它将受 MEL 的管辖；如果你把它放入中央故障显示系统，那么其他可能更宽松的标准也适用。MEL 是为了驾驶飞机而无须操作的设备清单。

8）警报信息

最后，我们发现必要的警报应该具有以下特征：

（1）传达问题的严重性。

（2）使用对机组成员有意义的词语。

（3）陈述基本问题。

（4）立即引导工作人员到正确的检查表系统。

在当今条件下，项目通常更短，更直接，但我们也增加了导致新项目的系统的复杂性。只有在检查表的大小和数量都减少时才能真正实现简单性。这需要简化系统本身,这意味着系统设计者需要非常聪明,当然系统也必须可靠和安全。

7.9 可维护性

在过去 10 年的航空业中,可维护性已经得到了高度的发展。由于可维护性差造成的维护成本升高,在过去的几年让航空公司的大客户难以接受。航空公司的客户现在要求所制造的飞机有非常高的可维护性。可维护性是一种质量,它来自系统设计。在系统设计期间确定的是系统是否能有最低维护成本或业主需要负担高额的维护成本。本节的目的之一是证明可维护性要求被视为系统的设计约束条件,并且这些约束条件必须在设计流程的早期得到解决。

可维护性的概念是基于产品能够运行状态时得到维护。需要花费多少努力和多少美元才能维护产品的可维护性。我们都可以想到我们拥有的汽车需要不同程度的维护。也许有些模型是我们永远不会再购买的,因为维护成本太高——它们的可维护性非常差。与航空公司经营者一样:如果拥有成本太高,客户将不会购买飞机。在过去的 10 年里,航空业发生了巨大的变化。其中一个结果就是目前高度关注维护成本能降低到可管理的水平,消除了不必要的维护,提高了设计的可维护性等。

在返回基地之前飞往 4~5 个其他地方的飞机可能需要在这些地方中的每一个都能进行一些维护。这意味着更多的备件、更多的库存和更多的机械师。航班的时间安排也会变得非常紧张,这意味着由于维修问题而延误下一班航班的收入损失成本非常高昂。中枢和辐条调度的另一个后果是维护对飞机的访问变得非常有限。在点对点的情况下,航班之间的维修通道可以以小时为单位来衡量。现在访问限制在一个小时内。

随着维护成本和限制的增加,航空公司一直非常有兴趣提高飞机及其各部件的可维护性。

一家航空公司的维护计划发展到 3 个领域:定期维护、非计划维护、固定间隔维护。

1）定期维护

定期维护由定期完成的任务组成，这些被称为"检查"。检查是按定期计划完成的一系列任务的打包。基本检查是隔夜检查（过夜）、A 检、C 检。

（1）隔夜检查包括液体检查（油、液压等），驾驶舱维护和机舱更换（毛毯、枕头、杂志、清理）以及清理日志项目。飞行员的日志包括飞行员在最后一次飞行中写下的项目，他观察到飞机系统中某种类型的故障。当飞机停放大约 8 个小时，过夜时会发生。该飞机不会因为隔夜检查而停止服务。

（2）过夜后，下一次计划维护称为"A 检"。检查主要包括预防性维护任务和检查隐藏的故障。机舱或机组人员不知道潜在的大量系统故障。必须查找并修复发现故障的地方。

（3）下一次计划维护是"C 检"。通常在每次 C 检之间完成 10 次检查。C 检在大约 4 800 个飞行小时后或每隔 15 个月完成，以先到者为准。会有 3~5 天的服务中断，是对飞机进行的最重要的检查。

根据 FAA 规则，定期维护的一个有吸引力的特征是维护任务可能会"升级"到更高的检查间隔，即更长的时间间隔。当经验证明可靠性高于预期时，允许升级。这使得航空公司可以根据运营量身定制维护计划。

2）非计划维护

在飞机上进行的全部维护的很大比例是不定期的。到目前为止，计划外维护的最重要时刻是航班之间的转机，这叫作"不定期维护"。转机指一次飞行结束和下一次飞行结束之间的时间段。转机的典型时间范围可以在 100 座飞机的 20~45 分钟之间变化。转机的实际时间很大程度上取决于重新加油所需的时间。通常在补充燃料时，乘客、飞行员和机组人员已准备好出发。平均 30 分钟的数字通常用作衡量出发延误的基准。延迟意味着超过基线 30 分钟加上 15 分钟的任何时间。这是调度可靠性（或可调度性）目标的基础。

在飞行期间，飞行员在其日志中记录从飞机的各种系统和设备向驾驶舱电子设备报告的故障或故障。FAA 规定，所有此类航空日志项目必须在飞机下一航班发送之前清除。

清理日志项目可能会给航空公司带来相当大的问题。乘客正在等待，超过几分钟的延误或直接取消航班将会使航空公司迅速地失去业务。

一个回合的平均 30 分钟时间不足以修复除最明显的"快速修复"之外的任何内容。因此,采取最多措施保证飞机移动的解决方案是最低设备清单。MEL 是 FAA 颁布的航空工程生产文件,列出了哪些航空器设备可以不起作用(以及在什么条件下)并仍然安全地飞行。修理 MEL 上的物品可以推迟 24 小时或最多 10 天。如果不能推迟,那么飞机必须停放直到可以修复。如果设备未在 MEL 中列出,则必须始终处于运行状态。因此,对于航空公司而言,在 MEL 上拥有尽可能多的设备是非常重要的。

3)固定间隔维护

固定间隔维护是一种定期维护,但与常规 A 检和 C 检不同,这些时间间隔通常与 A 检和 C 检不同步。间隔时间也是 FAA 要求的。另一个缺点是间隔不能升级,但 A 检和 C 检可以。航空公司认为固定间隔维护会造成相当大的不便,因为它会扰乱运营。属于这一类的设备越多,飞机失效的频率越高,收入的潜在损失就越大。

受固定间隔维护的设备和系统是 FAA 强制 CMR 的结果。CMR 是在飞机设计认证期间建立的一项必要的定期任务,作为其运行限制。

CMR 通常是通过正式的数值分析得到的,以证明符合 FAR 25.1309 定义的灾难性和危险性故障条件。

CMR 也可能来自正确的工程判断。CMR 旨在检测安全重要的潜在故障,这些故障将与一个或多个其他特定故障或事件相结合,导致危险或灾难性故障情况。然后,CMR 任务旨在验证某个故障是否已经发生。它基本上是通过验证物品没有失败或者如果物品失败而使其被修复,从而将"失效时钟重新启动为零"以用于潜在的故障。

通常备件不是定期维护的一部分,因此只有非定期故障会影响其总成本。当起飞前必须清除飞行员日志项目并且系统不在 MEL 上时,从备用库存中更换故障 LRU 是唯一的解决方案。

以下项目驱动备件的数量和/或单个备件的成本:

(1)MEL。

(2)MTBF。

（3）MTBUR。

（4）MTTR。

（5）不可互换性。

（6）单一供给来源。

（7）路线线路站数（站点）。

（8）备件的运输时间，包括海关延误。

尽管备用配置非常复杂，但很明显，大部分成本驱动因素都位于系统工程师/经理的影响范围之内。通过获取 MEL，提高 MTBF 和 MTBUR，提供可互换性，减少维修时间，列出多个来源，都是设计人员进行某种程度控制的因素。

必须对所有飞机系统进行分析，以确定设备无法运行的能力。系统的设计应能最大限度地提高这些设备的数量。

以下是影响设备是否在 MEL 上的一些设计因素：

（1）监督：设备是否有能力调度无效的工作但这些未能包含在 MEL 中？这只是一个不完整的工作。

（2）冗余：是否有内置重复，或多重或替代路径？包含在 MEL 中通常需要其他方法来执行相同的功能。

（3）简单性：系统是如此复杂，以至于即使不是不可能，调度失效分析也很困难。简单系统比复杂系统更容易推迟。

航空公司的客户要求更高的飞机可维护性。保持竞争力飞机原始设备制造商必须迅速积极响应。为了销售飞机，所需备件的成本必须尽可能低：购买价格的 20%对于客户来说太高了。

备件成本受这些因素驱动：

（1）MEL。

（2）MTBF。

（3）MTBUR。

（4）MTTR。

（5）不可互换性。

（6）单一供给来源。

（7）路线线路站数（站点）。

（8）备件的运输时间，包括海关延误。

系统工程师在初始设计阶段需要关注这些因素。定期维护主要由隐藏的故障驱动。大量的 CMR 通常由设计监督和不完整，不准确或事后完成驱动和故障树分析。许多维护成本驱动因素在系统工程师的影响范围之内。

7.10　飞机认证的监管要求

1）介绍

FAA 的任务是促进飞机上携带的人员，同一空域飞行的其他飞机以及飞机飞行路径下地面上的人员和财产的安全。

在这个框架内，FAA 有三个主要优先事项：

（1）持续适航。

（2）制定法规和执法。

（3）认证。

标准适航证是在飞机产品认证中必须发生的一系列固定事件中的最后一个。完整的序列包括设计批准（型号合格证）。

（1）生产批准（生产许可证）。

（2）个别产品的批准（适用于运输机、标准适航证）。

首次设计质量需要熟悉 FAA，其等级和规定、批准过程以及系统工程师在认证过程中的部分知识。为此，本节将涵盖以下主题：

（1）FAA 和 DAC 的工作关系-法规背景，机身制造商的责任以及 DER 和 FAA 的作用。

（2）FAR 定义及其在认证过程中的作用，认证过程——强调设计和工程认证要求。

（3）生产审批流程。

（4）适航认证。

（5）持续适航过程。

系统工程师对上述内容的理解应该会提高 FAA 的型号设计和持续适航认

证过程的认识。它还应该产生更好的团队合作意识，并创造一个合作队员之间相互尊重和合作的环境。

2）联邦航空条例（FAR）

FAA 颁布了 FAR，以执行"联邦航空法"的规定，该法仅略述了基本目标。遵守 FAR 对于寻求特定 FAR 适用的证书或批准的个人或团体是强制性的。

一旦证明或批准的目的需要持续符合（如生产许可证），违反或违反批准条款可能导致民事处罚或行政执法行为。如果违规行为严重，证书或批准可能被暂停或撤销。FAR 如表 7-5 所示。

表 7-5 FAR

FAR 第 1 部分	定义和缩写*
FAR 第 11 部分	一般规则制定项目
FAR 第 15 部分	根据联邦侵权行为索赔法行政权力主张
FAR 第 21 部分	产品和零件的认证项目*
FAR 第 25 部分	适航标准：运输类别飞机*
FAR 第 33 部分	适航标准：飞机发动机
FAR 第 36 部分	噪声标准：飞机型号和适航性认证*
FAR 第 39 部分	适航指令*
FAR 第 43 部分	维护、预防性维护、重建和修改
FAR 第 45 部分	标识和注册标记
FAR 第 91 部分	一般操作和飞行规则*
FAR 第 121 部分	认证和运营：国内、国旗和补充航空承运人，以及大型飞机的商业运营商*
FAR 第 145 部分	维修站
FAR 第 183 部分	署长的代表

注：*特别针对波音、空客或类似飞机 OEM。

3）新的或修正的 FAR

任何人都可以提出新的 FAR 或修改现有的 FAR。FAA 可能会采取行动，或者私人个人或组织可能向 FAA 请求制定规则。这些行动的项目包含在 FAR 第 11 部分中。

4）适航指令

当型号合格证产品存在不安全状况时，FAA 颁发适航指令，并且该类状况可能存在于相同类型设计的其他产品中。适航指令具有与 FAR 相同的权限，因此必须遵守适航指令。违反适航指令的行为将违反适航证颁发条款的规定，导致其无效，导致飞机坠毁。如果在飞机上安装发动机，螺旋桨或装有未组成的适航指令的装置，则会产生相同的效果。

由于适航指令具有与 FAR 相同的权限，因此其处理过程通常必须遵循适用于 FAR 规则制定的相同项目。例外情况是认为有必要对在役飞机采取紧急纠正措施。在这种情况下，可能会在没有完整的规则制定流程的情况下立即发布适航指令。这些被称为适应规则适航指令或电报广告。

由于事故、维护问题、例行检查等原因，可能会显示适航指令的需要，主要标准是发现其他飞机可能存在不安全状况。飞机认证理事会通常会与当地的飞机认证办公室一起负责起草适航指令并协调规则制定过程。适航指令的文本以及任何纠正措施通常由 FAA 的工程部门和制造商共同完成；或者可能包括其他人员，如代表航空器运营人的人员或组织。

纠正措施（检查、修理或修改）可能在适航指令本身或其他文档（如制造商的服务通告）中详细说明，并在适航指令中引用。

5）FAA 指派者

由于资源有限，根据 FAR 第 314 条，FAA 在很大程度上依赖于使用外部组织和个人担任 FAA 的指定人员。

以下是可能涉及 FAA 合规性调查结果的各类指定人员的描述，并简要说明其职责。

（1）DER。

DER 是 FAA 指定的代表人选。一些 DER 是该制造商（DER 公司）的雇员；有些是私人（顾问 DER）。

DER 的主要职责如下：

a. 批准或建议批准发布型号合格证或型号合格证修改的设计数据。

b. 进行合规检查和见证测试。

c. 建议批准飞行测试项目并进行飞行测试和其他评估。

所有上述职责以及其他职责只能在 FAA 任命职位授权的情况下执行。此外，DER 授权签署的唯一表格是合规声明表格（8110–3）。

要取得 DER 的资格，申请人必须具备适当的学位和/或经验，熟悉 FAA 认证计划，并熟悉 FAA 的规定和项目。

尽管顾问 DER 与公司 DER 一般具有相同的功能，但他们通常参与修改项目，其范围由 FAA 指定办公室授权。

（2）委任制造检验代表（DMIR）

DMIR 是持有 FAA 生产许可证的公司（如生产证书）的雇员。与 DER 不同，顾问 DMIR 没有 FAA 规定。

DMIR 的功能如下：

a. 在 FAA 制造检查员的直接监督下，对设计批准项目的原型或测试物品进行合格检查。

b. 为 DIVER 雇主生产的产品颁发适航证或出口许可证。

c. 在 DMIR 任命办公室授权的任何地点执行授权功能。

由于这些行为的利益冲突，DMIR 无权执行与其雇主的生产批准（例如质量保证审计或监督）有关的任何功能。涉及生产设施初始批准和后续监督的职能仅供 FAA 制造检查员使用。

DMIR 的资格基本上与 FAA 制造商检查员的资格相同。

（3）委任适航代表（DAR）

DAR 的作用包括以下功能：

a. 根据 FAA 指定办公室颁发的符合 FAA 批准的设计数据的产品颁发适航证或出口许可。

b. 对型号合格证或补充认证项目中使用的原型或测试物品进行符合性检查。

c. 根据制造商所在国的民用航空当局的要求，为国外产品制造商颁发由美国供应商制造的部件的合格证明 DAR 通过飞行标准区办公室向 FAA 的飞行标准部报告。虽然 DAR 和 DMIR 的功能基本相同，但 DMIR 的任命仅适用于其雇主生产的新产品，而 DAR 的任命适用于 DAR 认为合格的任何产品或型号的产品，无论是在美国还是在其他国家，无论是新的还是旧的。

7.11 软件

软件由逻辑、数据和控制决策组成。飞机系统软件需要采用自上而下的方法，从最高层级的系统需求企业开始，并"向下"进入细节更多的层级。即使在最低，细节最多的层级，软件的每个元素都必须能够追根溯源回到飞机或系统性能需求的起始状态。因此，系统工程师必须从项目开始就参与软件的规范性设计。

一个软件项目的价值等同于一千个硬件电路。对于飞机制造商而言，减轻重量，提高调度可靠性和设计灵活性使软件成为不可或缺的灵魂部分。虽然软件可以为飞机设计和制造带来许多好处，包括降低成本等，但是当软件包含错误或构思或设计不当时，这些成本收益可能会失去。

7.11.1 获取软件

获取和认证系统软件涉及多种任务，分为两大类。

（1）项目组织。

a. 批准所有软件规划和报告文档。

b. 运行所有系统和软件正式评审。

c. 设置和监控计划和预算。

d. 确保软件系统的认证。

（2）技术活动。

a. 编写系统要求。

b. 帮助编写系统设计。

c. 帮助编写软件要求。

d. 帮助验证软件要求。

e. 帮助验证软件设计和代码（如集成测试）。

f. 批准所有系统和软件技术文档。

系统和软件工程师的主要责任差异表现在对于文件（如系统规格、系统验证、软件计划、软件要求、软件设计与代码、软件验证、认证软件），系统工程师主要审查/批准、软件工程师次要审查/批准。

在下述章节中，将讨论上述这些活动以及协助系统工程师的许多软件开发过程和工具。

7.11.2　自上而下的开发

管理软件开发的文档实际上是基于自上而下的理论而开发的，但这一事实并不总是显而易见的。自上而下开发是软件集成飞机系统开发中的一个大问题，原因之一在于软件最终成为系统需求和设计的"计算机化说明"。出于这个原因，早期规范中的任何缺点或错误最终都成为计算机化说明的一部分，其中更正行为变得昂贵且耗时。在使用自上而下的开发方法时（见图7-3），产品定义的每个阶段都会进一步打破系统，从而产生下一个解析的规范。自上而下的开发标准循环并非仅仅是一个循环而是瀑布模型。

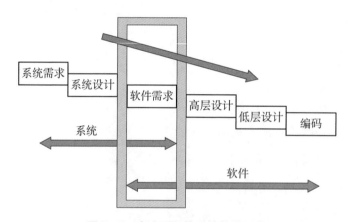

图7-3　自上而下的系统软件开发

在自上而下的开发：

（1）从问题到解决方案的逐步完善。

（2）我们在设计之前明确需求。

（3）我们的设计成为下一个更低层次的新需求。

（4）所有阶段都是文档驱动的。

以下语句显示了系统需求如何流经瀑布模型：

（1）系统需求。

系统应根据指令显示当前超出公差范围的任何电压。

（2）系统设计。

I/O 处理器应在一秒钟内响应显示命令。

（3）软件要求。

I/O 项目应每隔（500±10）毫秒将 ERROR_ DISPLAY 信号写入输出端口 3。

（4）高层级设计。

电压比较项目应在每个实时时钟周期运行，接收电流电压并返回当前电压超出容差（误差）的量。

（5）低层级设计。

电压误差（ERROR）是电流电压和标准之间的无效差值，减去每种受监控电压的容许公差。

代码

V_ ERROR（V_ TYPE）＝V_ ERROR（V_ TYPE）

（V_ ERROR（V_ TYPE）＞0）

我们通过以下方式划分任务并分担工作量：

（1）指定系统的外部特征－系统必须做的一切，以符合其外部环境的限制。

（2）以一组子系统的形式选择内部特征，加上彼此之间以及与外界的通信。

（3）然后，每个子系统成为下一个较低层级的"系统"，其外部约束来自我们之前制作的子系统分解。

分而治之的过程以这种方式继续，直到我们已经知道我们需要知道的所有内容，因此我们可以进行软件编码（由软件供应商提供）。

产品定义过程是自上而下的，但产品集成是自下而上的。每个级别的规范都由数据项描述定义，供应商（或 OEM）的文档应遵守该描述。一旦供应商对软件进行编码（然后将其分解为小型单元或模块），软件将逐级集成，并根据与每个级别相对应的要求进行测试。每个模块应限制为 100 源代码行。测试过程一直持续到整个系统组装完毕，并可以根据其顶级规范进行测试。

7.11.3 系统与软件需求

许多软件需求是系统功能需求。当编写软件需求时，他/她正在审查并重写系统要求。

软件的一个问题是我们将它交给那些不了解飞机系统需求的人。因此，我们的系统需求和设计中的错误不会被软件供应商注意到，它们会嵌入到软件代码中。

当我们测试供应商的软件代码时，我们将最终测试我们的系统需求和设计。但到那时，修复错误的成本非常昂贵，如为系统测试中发现的错误更改单行代码需要花费大约 8 000 美元。

（1）规范审查和产品测试。

如图 7-4 所示，对于每个定义规范，都有一个对应的评审。对于每个集成产品都有一组测试（见图 7-5）。良好的开发过程侧重于前端——需求和设计规格。

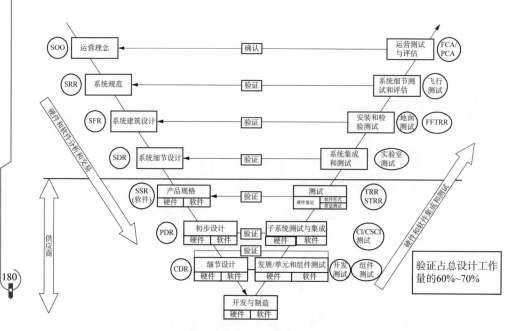

SFR—系统功能审查；SSR—系统规范审查；FFTRR—首次飞行测试准备审查；STRR—系统测试准备审查。

图 7-4　系统工程过程：V 模型 1

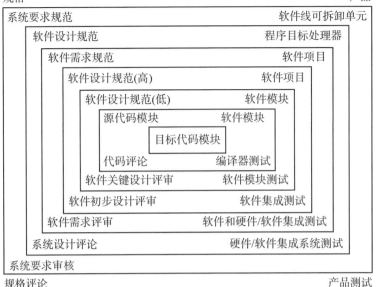

图7-5　系统工程过程：V模型2

（2）文档。

征求建议书（RFP）：获取系统软件的过程始于RFP。本文档要求合格且感兴趣的供应商提交执行软件开发工作的建议方案，并指定工作的高层级需求。

RFP的支持文件包括采购规范、SOW、数据项描述（DID）和供应商数据要求清单（SDRL）。

a. 采购规范。采购规范文件规定了要生产的产品。它也是初步的系统要求规范（SRS），因此是所有进一步系统开发的基础，包括系统设计和软件要求。理想的采购规范只能定义系统要求，而不能定义系统设计。虽然理想化的设计通常不被认为是实用的（因为时间表和其他限制因素），但它仍然是一个很好的目标。

b. SOW。SOW规定了供应商生产产品必须使用的流程。虽然该流程基于适航取证要求，但这只是一个基础，我们要做的远不止如此，以确保项目的整体质量和经济性。

c. DID。DID文档指定供应商如何记录工作说明书中指定的流程结果。

供应商数据要求清单 OEM 通常要求供应商在 SDRL 中提交一组文档（在 DID 中描述）。但是，如果在 OEM 需要时（如通过电子传输）文档始终可用，则可能不需要用于软件文档的 SDRL。

（3）取证的软件相关计划（PSAC）。

PSAC 是供应商对工作说明书软件部分的回应，应该能被追溯。PSAC 应该详细说明软件开发的每个阶段将如何完成。因此应该逐步增加，尽管应该将整个发展的高级别讨论作为提案的一部分。对于系统工程师，PSAC 的关键区域由表 7‐6 中的"×"表示。

表 7‐6　PSAC 的关键区域

	为什么 （结果交付）	什么 （任务）	什么时候 （附表）	如何 （标准方法工具）	谁	哪里
项目管理	×					
产品定义	×	×	×	×		
产品验证	×	×	×	×		
构型管理				×		
质量保证				×		

如果我们要获得一个生产良好，文档齐全，可认证，并且开发过程更加经济的产品，OEM 必须提供高水平的指导。书面项目是管理系统软件采购和保持正常的关键。书面项目是管理系统软件采购和保持发展轨道的关键。

（4）软件需求。

在最一般的术语中，软件需求被定义为：

a. 计算机项目执行系统功能的能力或属性。

b. 计算机项目符合系统设计规范的能力或属性。

这些定义的问题在于它们是循环的，因此不是很有用，如"需求是使系统工作所需的一切"。

从软件规范的角度来看，在如下情况下，系统设计得以完成：

a. 已指定进出每个处理器的每个数字信号（或信号包）。

b. 识别出信号的来源或目的地。

c. 解释每个信号的含义和原因。

7.11.4 质量需求与功能需求

软件需求有两种基本风格：定义软件质量的软件，以及定义软件功能的软件。

（1）当我们问"做什么事情？"我们指的是它的功能或能力。

（2）当我们问"有什么用？"我们指的是它的质量。

确保需求是完整、一致、可行和可测试的。使用关系图来帮助确定系统软件的范围及其需求。

需求的规则如下：

（1）文本中的单词 shall 表示强制性要求。

（2）should 这个词应该表达对实施需求的建议或建议。

（3）文本中的 must 一词用于立法或监管要求。

（4）文本中的单词 will 表示意图。

（5）文本中的单词 may 表示允许的行为实践。

7.12 型号取证

获得型号合格证是漫长过程中的一个里程碑，最终达到标准适航证书的标准。

型号合格证有三个重要因素：

（1）提交型号合格证申请是 FAA 对设计审批项目开始采取行动的官方行为。

（2）申请日期建立 FAR 取证基础。

（3）型号合格证是官方文件，证明 FAA 批准飞机，飞机发动机或飞机螺旋桨的设计。

任何人（甚至是外国公民或者在厨房桌子上画草图的梦想家）都可以申请型号合格证。但是无论谁是申请人，他/她必须向 FAA 表明该产品符合适用 FAR 中规定的适用设计标准。本节将介绍获取型号合格证的基本过程和项目。

型号合格证证明 FAA 批准了飞机、飞机发动机或螺旋桨的设计、操作特性和功能。换句话说，型号合格证证明"总体规划"是用于特定型号或飞机制造的设计和操作。

产品的型号证书包括如下内容：

（1）型号设计。

（2）操作限制。

（3）型号合格证数据表（TCDS）。

（4）适用的适航标准。

（5）为产品规定的其他条件。

7.12.1　型号设计

型号设计包括如下内容：

（1）FAR 21.31 对型号设计中提到的内容提供了详细的定义。然而，一般来说，型号设计由图纸、图纸清单、材料和工艺规格以及定义产品配置，设计特征和结构强度所需的任何其他信息组成。

（2）运行限制 FAR 91.9 规定了规定飞机运行限制或参数的要求。其中包括诸如何时或何时在油箱之间传输燃油，在各种条件下起飞的项目，机场噪声消减等。飞机飞行手册和类型证书数据表中规定了操作限制，以及驾驶舱仪器标记和其他面板和飞行控制标牌。

（3）TCDS。TCDS 的目的是阐明针对特定飞机品牌和型号的型号合格证批准的基本条件和限制。它还包含生产批准信息和序列号适用于单架飞机适航性认证的资格。TCDS 是在发布航空器的标准适航证书之前审查数据时，用于确定是否符合型号证书的主要文件之一。

7.12.2　取证计划

作为及时有效地获得系统取证的路线图，FAA 准备了以下取证目标检查清单，应该使用以下所列清单。

（1）借助系统 DER，检查 FAR 是否符合适用要求：

a. 什么特殊的监管或咨询文件适用？

b. 需要进行哪些测试来演示系统部件的形式、适用性和功能？

c. 演示系统功能需要进行哪些测试？

（2）准备概念、功能、预期的操作、控制和项目的设想和认证计划时间表概述。

（3）让 DER 非正式符合 FAA 的要求，在封面上列出之前的提纲等，以便在方法和要求上得到 FAA 的许可。

（4）准备详细的认证计划，如认证计划准备指南（本节后部分）所示。

这个计划应该包括概念、系统等的总体描述、草图和原理图。（此说明可以更新并需要尽可能完整。）

计划应该显示如下内容：

a. 说明。

b. 适用的 FAR 段落（包括分段）。

c. 如何显示合规性（地面/飞行测试、分析、相似性等）。

d. 将提交哪些内容以显示合规性。

e. 何时（按计划）。

f. 谁将签署 FAA 8110 - 3 表（如果需要的话），建议或批准。

g. 时间表显示：

a）重要的里程碑。

b）何时提交初步危害分析。

c）何时完成所有的细节提交。

d）什么时候需要见证人的认证测试，将在哪里运行。

e）何时提交符合性检查要求（零件/系统/安装）。

f）预计最终认证时。

（5）提交详细的说明、图纸和合适的合规性数据。

（6）提交测试计划和分析。

（7）提交结果和结论报告，包括参考相关 FAR 的测试数据和解决与原计划有偏差的报告。

取证计划按如下内容逐步操作完成。

（1）准备指南。

取证计划本身是一份文件，告诉 FAA 飞机 OEM 如何打算证明设计符合 FAR 的要求。该计划应该有助于飞机制造商确认设计并协助 FAA 加快批准。基本上，它代表了给定系统的认证"路线图"。

（2）要求。

在进行型式检验授权（TIA）或部分批准之前，FAA 要求提交认证计划。适当的认证计划可确保 FAA 确认飞机 OEM 已对 FAR 进行了全面审查，并充分了解适用要求，包括符合性。反过来，飞机 OEM 将会收到 FAA 的同意，即认证计划描述了一种可接受的方式来证明符合 FAA 的要求。

（3）修订。

在 FAA 表示同意认证计划后，没有必要通过校订报告来批准计划。FAA 的同意证书定义了什么是有条件的批准，在不修改报告的情况下则可以使用证书来完成协议，可以重新提交报告，然后等待另一份 FAA 的同意证书。

（4）系统工程师的角色。

系统工程师在设计审批机构中发挥重要作用。当系统要求分包商参与时，工程师或经理应确保：

a.（作为"项目经理/联络人"）所有功能性学科都被整合在一起。

b. 提供的支持水平取决于供应商的专业水平。

c. DER 在实际设计阶段开始之前很早就需要介入。

d. 检查来自其他或以前项目的所有在线历史记录或经验教训文件。

e. 采购规范中引用的设计和分析手册是最新的，并反映了 FAA 会接受的方法或要求。

每个 DER 都由 FAA 负责，以确保准备和使用 FAA 表 8110-3 "符合美国联邦航空条例的声明"的准确性。FAA 表 8110-3 只能在 DER 批准或建议批准表格中引用的特定技术数据时使用。

（5）在飞机 OEM 中处理 DER 数据。

系统工程师应该了解代表 DER 在其认证过程中代表其系统的功能和项目。通过这种方式，系统工程师可以为 DER 提供所需的东西，从而大大加快了这一过程。

（6）DER 工作行动。

a. 填写 FAA 表格信函工作表——所有适当的项目必须根据正在发送的内容和原因进行检查。

b. 准备一个键入的记录摘要。

c. 准备一个 8110 - 3 - DER 的名字应在签名下键入以保证易读性。

d. 在包含技术数据的每个页面上盖印 "所有权数据"：该项目可在适航办公室项目中找到。

（7）适航办公室工作行动。

a. 分配一个对应控制号码。

b. 准备正式的求职信。

c. 标识所有附件。

d. 把包裹提供给 FAA。

7.12.3　FAA 工作行动

（1）FAA 项目工程师对 ACO 内的数据进行审核和协调。

（2）后续行动可能包括如下内容：

a. 通过加盖 8110 - 3 表格的 FAA 工程批准。

b. 由 FAA 信函批准。

c. 发布 TIA。

d. 批准飞行手册更改。

（3）计划完成后，确定为 "申请人记录" 的记录将退还给飞机原始设备制造商。

飞机 OEM 适航性办公室将把记录存储在安全，隔离的存储库中，仅限于 FAA 和授权的飞机 OEM 员工。

FAA 工作具体包含如下内容。

（1）合格检验。

商业产品的合格性检验证实新的或大幅改变的零件和装置是按照印刷品制造的，并且在认证之后，所有后续生产将与经过 FAA 认证演示的产品相同（如台架测试、飞行测试、分析等）。

符合性检查由 FAA 制造检查区办公室管理，具体由 FAA 原则制造检查员管理。在理想情况下，合格检查应从制造的第一部分开始，通过组装结构及其操作系统，直至完成产品提交给 FAA 进行测试。

（2）飞行和实验室测试。

飞行测试是根据 FAA 颁发的实验适航证书进行的。在 FAA 参加飞行测试计划之前，OEM 向他们提交证据数据，这将使 FAA 有信心开始在飞行测试认证计划中发挥作用。

通常需要的数据如下：

a. 设计标准。

b. 加载信息。

c. 系统描述更改。

d. 开发飞行测试结果显示，整个飞机飞行包线没有颤动。

这使得 FAA 有机会在正常的飞机运行范围内进行测试。必须批准测试项目以证明符合要求。

（3）飞行测试。

作为其众多职责之一，飞机评估小组（AEG）参与了飞行测试认证计划结束时的功能和可靠性计划。AEG 的要求也在型式检验授权（第 18C 款）中概述。评估结束后，AEG 发布一份报告，列出其适用性调查结果，包括限制。

（4）TIA。

发布 TIA 被认为是型号认证计划的一个重要里程碑。实际上，FAA 工程小组向 FAA 飞行测试小组以及制造检查机构发布了一份"工作指令"，以开始飞行测试。通常，在完成和发布 TIA 之前，召集预检类型认证委员会讨论和回答飞机 OEM 可能与飞行测试计划或任何其他重要事项有关的任何问题。

完成后，TIA 应反映以下内容：

a. 合规检查完成。

b. 遵守适用法规（包括可能的 AEG 运营项目）。

c. 提交公司飞行测试报告。

d. 符合 FAR 2L53 标准。

如果负责的工程师或经理知道他/她的系统需要进行飞行测试，则必须尽早与飞行测试进行沟通，以便他们有充足的时间与 FAA 进行协调，并准备和计划测试。

（5）颁发型式证书。

当所有未清项目在最终型号认证委员会期间或之后经过飞机认证理事会的同意解决后，飞机认证办公室可以批准型号证书数据表和飞机飞行手册，之后型号证书可以发行。整个型号认证项目如图 7-6 所示。

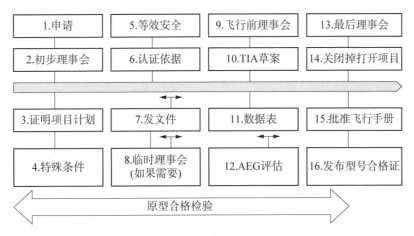

图 7-6　型号认证项目

7.13　振动、温度和湿度

本节讨论了环境因素对商用飞机系统设计和安装的影响。此处提供的信息应为系统工程师提供设计系统所需的工具，以便在这些环境因素下不会影响系统或它的安装操作、可靠性或可维护性。

本节将涉及以下领域：

（1）概述。

a. 振动。

b. 冲击。

c. 温度。

d. 湿度。

e. 其他因素。

（2）安装和设计考虑因素。

（3）资格测试。

a. 目击测试。

b. 相似性资格。

本节对环境因素的论述如下。

1）环境要求文件

通常使用三个文档来定义环境要求以及如何测试以显示符合这些要求。这些文件以优先级列出，并将在本书中引用：

（1）环境标准规范。

（2）RTCA/DO－160C/DO－160D。

（3）MIL－STD－810D。

2）振动和冲击

虽然两者密切相关，但是振动和冲击可以区分如下：

当我们谈论振动时，我们正在解决由飞机结构上的空气动力引起的振动，喷射排气噪声以及旋转机械引起的振动。

在冲击中，需要考虑在起飞和降落期间引起的设备突然加速，空气动力阵风、鸟撞、坠毁、着陆等。设计振动和冲击要求是为了确保 LRU 在正常和异常操作期间保持其性能和完整性。在某些情况下，波音会在 DO－160C 基本要求之上提出额外的要求。

（1）振动正常。

由于整个飞机的振动力不同，因此 LRU 的振动要求也会发生变化。例如，LRU 安装在发动机、APU 或飞机末端越近，将需要更高水平的振动测试。

（2）冲击正常。

正常冲击载荷被定义为在通常 11 毫秒的时间段内在给定方向上具有 $10g$ 加速度。这确保 LRU 将在起飞、着陆、空气动力阵风或任何其他正常的飞机机动中有效。

3）温度

大多数 LRU 容易受到极端温度的影响，其中许多都存在于商用飞机上。

在冷或热的温度下，LRU 可能由于润滑剂缓慢/或超出公差水平的热膨胀而难以操作。电子设备倾向于在低温和过热时不完美地工作并且在高温暴露期间失效。机械和电子设备都很容易受到温度瞬变的影响，这主要是由于不同材料的热膨胀率不同。因此，需要对低温、高温和温度漂移进行测试。

（1）低温。

在通常情况下，指定的温度较低，我们希望 LRU 或装置能够满足其性能要求，并且在我们预期不会出现故障时温度更低。低温条件是由于过夜冷浸以及飞行期间的冷浸。冷浸是物体吸收（浸泡）冷环境或静态温度的条件。热浸是指吸收热的环境温度。LRU 将根据其在飞机中的位置而具有不同的最低操作要求。这些要求在环境标准规范中规定。

（2）高温正常。

高温的常见原因是热浸，因为飞机已经在地面上因高温炙烤了一天了。预计 LRU 在此高温下满足其性能要求。根据 LRU 的位置，如地板下方的飞行记录仪，LRU 在出发时仍可能很热。如前所述，这些位置和温度需要在环境标准规范中规定。

（3）高温异常。

异常高温的一些原因（不是全部）如下：

a. 冷却损失（通常是电子设备）。

b. 温度控制系统失效。

c. 爆裂引气管。

异常温度要求应该是 LRU 在飞行的剩余时间内继续正常运行。结构和安装也是如此。温度和所需的暴露时间在环境标准规范中给出。

4）湿度

考虑湿度对系统和 LRU 的影响通常是事后的想法，但如果湿度引起问题肯定是头痛的问题。可能湿度最大的问题是电子设备上的保形涂层不良或不足。

保形涂层可以如下：

（1）薄的非导电涂层，无论是塑料还是无机涂层，都应用于电路中以保护环境。

（2）应用于完整印刷电路板的保护涂层，符合组件的形状，提供完整的电气和环境绝缘。

第二个问题是水分凝聚然后冻结。这些问题有时在资格测试期间出现，但通常在系统投入使用之前不会出现——解决此问题极其耗费时间。

当由于冷凝冻结而发生结冰时，它会以两种方式影响 LRU 或系统：

（1）最可能的是它会导致堵塞，使流体不会流动（流体包括空气）。

（2）次要问题是冰冻后，冰会膨胀并损坏设备。由于冻结，飞机上出现了水线断裂的事件。初始概念和 PDR 的良好设计评审应该披露这些问题，以便可以改变设计以消除对设备的湿度影响。

5）其他环境因素

DO－160C 的较小因素通常不是设计中的重要因素，但必须解决这些因素以确保设计在使用中表现良好。

（1）防水性。安装在水可以喷洒或滴在其上的区域的设备必须持续按所需方式运行。它必须设计成能承受独立的水，或与水密封。

（2）流体阻力。当您的设备安装在液压油、燃料、废液箱等附近时，可能会对您的设计施加特殊要求。材料之间的典型不相容性是某种液压工作油（skydrol）、钛和热的混合物。其他流体和材料可能会造成类似的问题。

（3）盐雾。对于暴露在其中的区域，必须考虑盐雾及其腐蚀作用，如轮舱或任何其他开放式隔间。在海滨的跑道，停机坪和简易机场上可以找到盐雾。

（4）沙子和灰尘。沙子和灰尘的问题在于它们可能沉淀在电气设备上，受潮并导致短路。这仅适用于暴露于机舱外部区域的设备，以及飞机外壳开口附近的区域。

（5）真菌抗性。微生物消化有机物质，因此产生酶和有机酸。由这些酶和酸引起的问题包括腐蚀、蚀刻、润滑剂硬化、基材降解、水分渗透等。通过选择由经过验证的非营养材料制成的组件，可以满足真菌抗性要求。几乎所有金属都符合这一要求。如果所选材料的抗真菌性未得到证实，则必须对材料进行测试。

7.14 载荷和结构

系统工程师或经理必须根据不同的标准和关注点对设计进行集成。其中一个值得关注的领域是载荷和结构。任何飞机系统，特别是那些具有外部部件（如控制舵面）的飞机系统，都会受到设计系统必须承受的许多外部和内部载荷和应力源的影响。

载荷分析是一项艰巨的任务，跨越飞机设计过程数年。但是，系统设计必须从初步信息开始。显然，系统工程师必须在某种程度上说出负载分析师的语言并且能够进行粗略载荷分析。

在有些情况下，工程师在设计的第一次迭代中花了很多时间，由于基本的结构原理被忽视或根本不知道而被载荷分析师拒绝了。本节的一个目的是尽量减少（并不能完全消除）这种低效率。

更理想的是，认知工程师，如果要真正认识到，将对结构原理有基本的理解。他将充分熟悉载荷分析，以便尽可能早期发现设计中的结构问题。他将知道何时与载荷工程师协商并在共同理解的背景下与他们沟通。因此，他的设计很快就会受到载荷组的青睐，而且不必从头开始重新设计。

机身结构的工程设计是一个涉及多个学科的过程。其主要活动有两个：外部载荷分析和内部载荷分析。

外部载荷分析是载荷组的一部分，是这节的主题。应力分析组负责内部载荷和机身结构的详细规范。

在本节中，我们将讨论以下内容：

（1）产生空气动力负荷的力和压力。

（2）惯性载荷的基础知识和影响它们的参数（惯性载荷是由加速质量作用在与加速度矢量相反的方向上产生的力。）

（3）载荷组的工作用摘要形式表达。

（4）载荷组与其他工程组之间的接口。

外部载荷是作用在结构表面上的空气动力和惯性力，如机翼或垂直尾翼。外部载荷分为两大类：

（1）空气载荷：由气流的动态压力引起的空气动力，升力和阻力，它们是由于飞机以某种速度在空中运动而作用在机翼表面上的压力的结果。

（2）惯性载荷：由飞机机动和大气湍流引起的重力和加速度引起的力。

飞行中的飞机上有空气动力和惯性力（见图 7-7）。由于飞机是浸入我们称之为空气的液体中的自由物体，它必须对任何合力作出反应。线速度和旋转速度与施加在重心上的合力和力矩成正比。相反，对于具有稳定姿态和恒定速度的飞机，其重心处的合力和力矩必须为零。力矩是力乘以距离所产生的旋转。

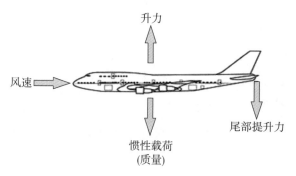

图 7-7　空气载荷和惯性载荷

内部载荷是在飞机结构内起作用的那些力。惯性力是机身内部载荷的主要来源。内部载荷的分析直接导致机身结构的规范，并有助于飞机认证的最终产品。

1）载荷来源

有许多事件和条件有助于外部和内部载荷，列出如下：

（1）声压。

（2）大气湍流（阵风）。

（3）自动驾驶仪故障。

（4）碰撞载荷因素。

（5）水上迫降。

（6）发动机叶片脱落和故障。

（7）发动机熄火和飞行反向推力。

（8）飞行动作：俯仰、翻滚和偏航，两者都是稳态加速。

（9）机身加压。

（10）地面操纵动作：滑行、转弯、制动等。

（11）控制翼面卡住。

（12）着陆载荷。

（13）可动表面铰链中的结构挠度和诱导载荷。

2）压力中心

提升表面的压力中心是前缘和后缘之间的点，其中升力作用为合成矢量。它是上翼面和下翼面上的压力的总和，并进一步定义为零力矩点。

但是，压力中心可以向前或向后移动，具体取决于以下变量：

（1）攻角。

（2）马赫数。

（3）相邻控制面的偏转。

3）惯量

除了升力之外，机翼上的空气动力也会使其向下旋转。在水平尾部，向下的尾部提升产生反向旋转。这些旋转称为惯量。惯量是力乘以距离的简单产物。

在图 7−8 中，我们希望知道那个惯量（**M**），即力（**F**）产生在约 A 点。

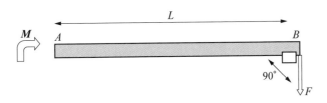

图 7−8　计算一个惯量

如果我们让 A 点和 B 点之间的垂直距离为 L，则该惯量为

$$M = F \times L$$

4）平衡尾法

如果没有水平尾翼的平衡效果，那么传统的飞机将无法飞行。后掠翼上的

空气载荷不仅会产生升力和阻力，还会产生俯冲俯仰力矩。水平尾翼产生向下升力，产生与机翼相等的相反力矩。但情况比这更复杂。尾部也必须适应重心的纵向变化。除非飞机的重心恰好位于机翼的压力中心，否则会产生俯仰力矩。

5）稳定性和纵倾

设计的基本先决条件之一是飞机既稳定又可纵倾。

调整条件要求作用在飞机上的空气和惯性载荷保持平衡，以使飞机保持平衡状态。稳定性条件要求，如果由于任何原因，飞机从其纵倾位置受到扰动，使得空气动力载荷发生变化，那么这些变化的载荷必须使飞机恢复到其原始的纵倾位置，而不是使飞机远离原始纵倾。

6）重心

负载团队贡献的另一项任务是定义飞机重心的前后限制。这与重力团队携手合作，该团队负责该任务。随着整个飞行中的有效载荷和燃料分布的变化，重心变化，导致平衡尾部载荷的变化，所有这些都影响机身结构的设计。

7）载荷团队执行的工作

载荷分析是一项艰巨的任务，它是最耗时的部分，致力于确定飞机整个表面上外部载荷的分布。但是，当负载分析完成后，载荷团队能够以如下形式处理强度团队的重要信息：

（1）剪切、力矩和扭矩。

（2）节点负载。

8）剪切、力矩和扭矩

空气动力学家与负荷分析人员沟通，了解结构形状对气流的影响。现在，载荷分析师会计算出气流对他的结构的影响。机翼上的空气动力只是升力和阻力。但是从载荷的角度来看，机翼表面升力和阻力会变成剪切力、惯量和扭矩。

剪切力作用在垂直或平行于机翼参考平面的方向上；惯量是剪切力乘以力矩臂的乘积（通常弯曲的参考点是沿翼根的纵向轴线）；扭矩也是剪切力乘以力矩臂，但在这种情况下，参考轴沿翼的翼展横向延伸。

外部载荷分析计算空气载荷和惯性载荷，并将它们加工成飞机表面上所有点的剪切力，弯矩和扭矩。一旦知道了这种力的分布，就可以将它们相加以获得总净载荷，如机翼的表面空气加载从尖端到根部集成。惯性力（结构质量和燃料质量乘以飞机加速度）也从尖端到根部集成。将积分组合以获得净载荷。

9）节点负载

载荷团队需要在所有飞行条件下识别飞机所有部件上的最大力。对许多案例进行了分析，绘制了最大–最小结果或制表，以帮助找到临界条件。选定的案例将进一步处理为节点负载，供应力分析和室内设计团队使用。

节点负载是剪切力、惯量和扭矩转换为点轴向力和施加到整个结构的理想表面的压力，成为杆和面板。

这种理想化的表面（包括翼梁、纵梁、肋、皮、框架等）被称为有限元模型（FEM）。外部载荷作为力（在三个方向上）或在面板上作为压力施加在条形交叉点处。

载荷团队将这些结果（即节点负载）输出到应力分析团队。然后，强度团队将面板点荷载应用于 FEM。输出是内部载荷，轴向杆载荷和面板中的剪切流动。此时，可以开始对结构构件进行细节应力分析。载荷团队与许多团队密切合作，特别是空气动力学稳定性和控制团队以及机身应力分析团队。该信息可以分类为质量、空气动力学、几何和系统数据。需要从风洞试验得出或从理论计算出的大量空气动力学数据。

（1）气动力团队：就稳定性与控制、设计与载荷提供力和压力系数。

（2）质量团队提供集中和分布的质量和重心数据（发动机、起落架和 APU 是集中质量的例子）。固定表面和控制表面需要提供两种形式数据：以磅/英寸计量的分布质量和以飞机环湾计量的块。

（3）燃油管理和航空电子设备组提供系统参数，如燃油使用计划、控制表面速率、自动驾驶仪权限和稳定器修整速率。

（4）发动机性能团队提供推力和转速数据。

（5）液压团队提供控制表面运动速率。在计算速率之前，载荷团队首先向液压提供空气动力学铰链力矩数据。

载荷团队的主要客户是机身应力团队，疲劳和损伤容限团队和室内设计。

10）其他类型的载荷

还有其他类型的载荷影响结构设计：

（1）机身加压不会以任何方式影响外部载荷，但机身外壳和框架中存在内部载荷。在有和没有内部压力的情况下分析机身外壳分析中使用的大多数机动和阵风条件。

（2）FAR 25.561中定义的碰撞载荷因子单独使用，即不与空气载荷、设计内部物品和一些主要结构组合使用。

（3）设计载荷下的结构挠度可能会影响飞机管道和空气管道的设计和布置。翼弯将在铰接控制表面和高升力装置中引起大负荷。

（4）发动机及其附近的声级产生压力水平，作用于控制面，襟翼和其他结构（如整流罩）的表皮，需要进行疲劳分析。

通常，设计手册里规定的蒙皮厚度、肋厚度和间距要求以满足已知的声学水平。当需要更详细的分析时，针对已知刚度特性的给定结构和在频率范围内变化的声学水平计算压力水平。

7.15 小结

本章描述了飞机系统工程的基础，主要是帮助读者了解空气动力学、适航认证、设计考虑和测试、电气和机械装置、电力系统、电磁效应、飞行机组系统接口、可维护性、飞机认证的监管要求、软件、类型认证，以及振动、温度和湿度。

学习这些重要的系统工程基础如何通过从计划到生产执行来简化全机系统设计过程。通过确定成本驱动因素对人员、产品和流程的所有影响，获取生命周期战略在未来生产飞机方面保持竞争力。

思考题

7-1 请解释空气动力学在飞机设计中的重要性，并具体说明它如何影响飞机的经济性能？

7-2　在飞机的适航认证过程中，如何区分主要变更和次要变更？请详细说明它们的定义和审批流程。

7-3　解释在驾驶舱设计中的"设计参考点"是什么？为什么它在驾驶舱设计中如此重要？

7-4　解释在商用飞机系统设计中，振动和冲击对 LRU 的影响，并描述相应的测试要求。

7-5　解释外部载荷和内部载荷的区别，并描述它们在商用飞机系统设计中的重要性。请包括空气载荷和惯性载荷的具体例子，并说明载荷分析如何帮助系统工程师在设计初期识别潜在的结构问题。

8 总 结

系统工程是通过系统思维将大量工程技术工作集中起来，直接转换为客观世界的一项工程技术。它不仅应用于传统工程领域，还扩展到科学、企业、军事、经济、社会、农业、法律等多个领域。系统工程虽然历史悠久，但直到近几十年，随着产品复杂性和生产规模的增加，系统工程才真正得以广泛应用。系统工程使用各种建模技术和工具来捕获、组织、排序、交付和管理系统信息，以达到最优的整体效果。

主集成规划（IMP）和主集成计划（IMS）是重要的计划管理工具，广泛应用于美国国防部和大型国际公司。IMP 是事件驱动的计划，记录完成工作所需的主要成就；IMS 是详细的时间驱动计划，用于跟踪项目的具体任务和时间安排。通过 IMP 和 IMS，项目团队可以确保各个阶段的工作有序进行，及时发现和解决问题，提高项目的整体效率和成功率。

系统需求分析是系统工程的基础，涉及对系统功能、性能、接口等多方面的详细描述。需求管理则是确保这些需求在整个项目生命周期中得到有效控制和跟踪的过程。通过需求分析和管理，可以确保系统设计和开发符合用户的需求和期望，减少后期变更和返工的风险。

系统架构设计是系统工程的核心环节，涉及系统的总体结构和关键组件的设计。良好的系统架构可以提高系统的可维护性、可扩展性和可靠性。本书介绍了多种系统架构设计方法和工具，如模块化设计、分层架构、服务导向架构等，并通过案例分析展示了如何在实际项目中应用这些方法。

系统仿真与建模是评估系统性能和优化系统设计的重要手段。通过建立系统的数学模型或计算机仿真模型，可以在虚拟环境中测试和验证系统的行为，从而在实际实施前发现潜在的问题并进行改进。本书介绍了常用的系统仿真软件和建模方法，并提供了多个实际应用案例。

系统集成是将各个子系统组合成一个完整系统的过程，而系统测试则是验证系统是否满足预定需求和标准的过程。本书详细介绍了系统集成的方法和技术，包括硬件集成、软件集成、数据集成等，并讨论了不同类型的系统测试，如单元测试、集成测试、系统测试和验收测试。

系统运行与维护是确保系统长期稳定运行的关键环节。本书介绍了系统运行中的常见问题及其解决方法，以及系统维护的最佳实践。通过有效的运行和维护，可以延长系统的使用寿命，降低故障率，提高系统的整体性能和用户满意度。

系统工程管理涵盖了项目管理、质量管理、风险管理等多个方面。本书介绍了系统工程项目管理的基本原则和方法，包括项目计划、资源分配、进度控制、成本管理等，并讨论了如何通过有效的质量管理确保系统的高质量交付，以及如何识别和应对项目中的各种风险。

系统工程是一个不断发展和演进的领域，通过多个实际案例，本书展示了系统工程在不同领域的应用。这些案例涵盖了航空航天、汽车制造、医疗健康、信息技术等多个行业，通过具体的项目背景、实施过程和成果分析，帮助读者更好地理解和应用系统工程的方法和工具。

最后，本书展望了系统工程的未来趋势，包括数字化转型、人工智能的应用、可持续发展等。通过了解这些趋势，读者可以把握系统工程的发展方向，为未来的创新和应用做好准备。

缩略语

ABDR	aircraft battle damage repair	飞机战损修复
ACR	architecture concept review	架构概念审查
ADEO	advance development engineering order	高级开发工程订单
AEG	aircraft evaluation group	飞机评估小组
AERB	Aircraft Engineering Review Board	飞机工程审查委员会
AOR	aircraft operational report	飞机操作报告
APU	auxiliary power unit	辅助动力装置
ATC	air traffic control	空中交通管制
ATF	advanced tactical fighter	高级战术战斗机
ATR	air transport rack	航空运输机架
BCAR	British Civil Airworthiness Requirements	英国民航适航规范
CA	customer approval	客户确认
CAAC	Civil Aviation Administration of China	中国民用航空局
CAC	center accessory compartment	中心配件舱
CAD	computer aided design	计算机辅助设计
CAM	cost account manager	成本账户经理
CAT	category	类别
CCB	Change Control Board	变更控制委员会
CDR	critical design review	关键设计审查
CDRL	contract data requirements list	合同数据需求清单
CI/CSCI	configuration item/Computer Software Configuration Item	构型项/计算机软件构型项
CM	communication management	沟通管理
CMR	certification maintenance requirement	认证维护要求

COTS	commercial off the shelf	商业现货
CPI	cost performance index	成本绩效指数
CSCI	computer software configuration item	计算机软件构型项
CSD	constant speed drive	恒速驱动
CSOW	contract statement of work	合同工作说明书
CWBS	contract work breakdown structure	合同工作分解结构
CV	cost variance	成本偏差
DAR	designated airworthiness representative	委任适航代表
DER	designated engineer representative	指定工程师代表
DF	development fixture	开发夹具
DID	data item description	数据项描述
DMIR	designated manufacturing inspection representative	委任制造检验代表
DoD	Department of Defense of the United States	美国国防部
DR	deliverables review	可交付成果审查
DSM	design safety manual	设计安全手册
EAC	estimate at completion	完工估算
EDF	electronic data file	电子数据文件
EDI	electronic aided design	电子设计集成
EMC	electromagnetic capability	电磁兼容
EMI	electromagnetic interference	电磁干扰
EOQ	economic order quantity	经济订货数量
EPC	electrical power center	电力中心
ESS	environmental stress screening	环境压力筛选
EVMS	earn value management system	挣值管理系统
FAA	Federal Aviation Administration	美国联邦航空管理局
FADEC	full authority digital engine electronics control	全权限数字发动机电子控制
FAR	Federal Aviation Regulations	联邦航空条例
FCA	functional configuration audit	功能构型审核
FEM	finite element model	有限元模型
FFTRR	first flight test readiness review	首次飞行测试准备审查
FHA	functional hazard analysis	功能危害分析
FMEA	failure mode and Effects analysis	失效模式和影响分析
FMS	flight management system	飞行管理系统
FRR	flight readiness review	飞行准备审查
FQT	formal qualification test	正式资质测试
FTA	fault tree analysis	故障树分析

FWO	flight work order	飞行工作订单
GPA	general performance assessment	一般绩效评估
HIL	hardware intergration laboratory	硬件集成实验室
HIRF	high intensity radiated field	高强度辐射场
ICD	interface control document	接口控制文件
IM	integration management	集成管理
IMP	integrated master plan	主集成规划
IMS	integrated master schedule	主集成计划
IPD	integrated product development	集成产品开发
IPT	integrated product team	集成产品团队
JAA	Joint Aviation Authorities	欧洲联合航空局
JAR	joint airworthiness requirement	联合适航需求
KPI	key performance indicator	关键绩效指标
LRU	line replaceable unit	线路可更换单元
MAR	main avionics rack	主要的航空电子机架
MCR	mission concept review	任务概念审查
MCU	modular concept unit	模块化概念单元
MEL	minimum equipment list	最低设备清单
MR	management reserve	管理储备
MTBF	mean time between failure	平均故障间隔时间
MTBUR	mean time between unscheduled removal	非计划移除之间的平均时间
MTTR	mean time to repair	平均修复时间
OBS	Organizational Breakdown Structure	组织分解结构
OEM	original equipment manufacturer	原始设备制造商
OMS	onboard maintenance system	机载维修系统
ORR	operation readiness review	运营准备审查
P3	people, product, process	人员、产品和过程
PCA	physical configuration audit	物理构型审核
PDR	preliminary design review	初步设计审查
PEP	production engineering plan	生产工程规划
PFPM	production flight procedure manual	生产飞行项目手册
PKR	Phase Kickoff Review	阶段启动评论
PLR	program level review	计划层面审查
PM	program management	项目管理
PMB	performance measurement baseline	绩效测量基准
PMO	Project Management Office	项目管理办公室
PPR	project planning review	项目规划审查

PRR	production readiness review	生产准备审查
PS	product specification	产品规范
PSAC	plan for software aspects of certification	取证的软件相关计划
RAM	responsibility assignment matrix	责任分配矩阵
RDBMS	relational data base management system	关系数据库管理系统
RFP	request for proposal	征求建议书
ROM	rough order of magnitude	粗略数量
SAE	Society of Automotive Engineers	美国汽车工程师学会
SDR	system design review	系统设计审查
SDRL	supplier data requirements list	供应商数据需求清单
SE	systems engineering	系统工程
SEMP	system engineering management plan	系统工程管理规划
SET	system engineering task	系统工程任务
SFR	system functional review	系统功能审查
SIL	software intergration laboratory	软件集成实验室
SOO	statement of objectives	目标说明书
SOR	statement of requirements	需求说明书
SOW	statement of work	工作说明书
SPI	schedule performance index	进度绩效指数
SRR	system requirements review	系统需求审查
SRS	system requirement specification	系统要求规范
SSR	system specifications review	系统规范审查
SSS	subsystem specification	子系统规范
STRR	system test readiness review	系统测试准备审查
STC	supplemental type certificate	补充型号证书
SV	schedule variance	进度偏差
TCDS	type certificate data sheet	型号合格证数据表
TEP	test engineering plan	测试工程规划
TIA	type inspection authorization	型式检验授权
TIM	technical interchange meeting	技术交流会议
TPM	technical performance measurement	技术性能测量
TPR	technical performance requirement	技术性能需求
TQM	total quality management	全面质量管理
TRR	test readiness review	测试准备审查
UB	unallocated budget	未分配预算
USPHS	United States Public Health Service	美国公共卫生署
VAC	variance at completion	完工偏差

VSCF	variable speed constant frequency	变速恒频
V&V	verification & validation	验证和确认
WBS	work breakdown structure	工作分解结构

参考文献

［1］ 白思俊，等. 系统工程：第 4 版［M］. 北京：电子工业出版社，2023.

［2］ 汪应洛. 系统工程：第 6 版［M］. 北京：机械工业出版社，2024.

［3］ 徐文平. 系统工程［M］. 武汉：武汉理工大学出版社，2023.

［4］ 薛弘晔. 系统工程［M］. 西安：西安电子科技大学出版社，2017.

［5］ 刘军，张方凤，朱杰. 系统工程［M］. 北京：机械工业出版社，2014.

［6］ 贺东风. 沈波，戚学锋，钱仲炎，等. 中国商用飞机有限责任公司系统工程手册：第 7 版［M］. 上海：上海交通大学出版社，2023.

［7］ 潘星，周晟瀚. 系统工程基础［M］. 北京：北京航空航天大学出版社，2022.

［8］ 张爱霞，李富平，赵树果，等. 系统工程基础［M］. 北京：清华大学出版社，2011.

［9］ 李小光，房峰，黄博，裘旭冬. 飞行器系统工程理论与最佳实践［M］. 北京：科学出版社，2019.

［10］ 刘明广，李高扬. 系统工程理论与方法［M］. 武汉：华中科技大学出版社，2022.

［11］ 胡保生，彭勤科. 系统工程原理与应用［M］. 北京：化学工业出版社，2007.

［12］ 宋毅. 现代系统工程学基础［M］. 北京：中国科学技术出版社，1992.

［13］ 薛惠锋，苏锦旗，吴慧欣，邢书宝. 系统工程技术［M］. 北京：国防工业出版社，2007.

［14］ 花禄森，等. 系统工程与航天系统工程管理［M］. 北京：中国宇航出版社，2007.

［15］ 刘兆世. 航天与系统工程［M］. 北京：中国宇航出版社，2006.

［16］ 许胜. 航天任务的系统概念设计、评价及案例［M］. 北京：中国宇航出版社，2022.

［17］ 陈杰，卢梅. 系统工程方法论：从 TBSE 进阶到 MBSE［M］. 北京：中国宇航出版社，2022.

［18］ 张芹，孔庆山，王小宁. 基于模型的系统工程（MBSE）实践入门：MagicGrid 建模方法［M］. 北京：中国质量标准出版传媒公司，2022.

［19］ 于永斌，高凡，王南星，等. 面向工业软件的数字工程与基于模型的系统工程［M］. 北京：电子工业出版社，2024.

［20］ 韩冰，政党党，王乾，杨小辉，等. 基于模型的系统工程架构设计方法及应用［M］. 西安：西北工业大学出版社，2023.

［21］ ERIC R. Integrating Program Management and system engineering［M］. Hoboken: John

Wiley & Sons, 2017.

[22] JACKSON S. Systems engineering for commercial aircraft: a domain-specific adaptation [M]. Aldershot Burlington: Ashgate Publishing, 2015.

[23] SHENG S F. Systems engineering for aerospace: a practical approach [M]. Shanghai: Shanghai Jiao Tong University Press, 2021.